スマートテレビ革命

あなたの生活は激変する！

木下裕司 著

SOGO HOREI PUBLISHING CO., LTD

まえがき

あなたは1日どれくらいテレビを見ていますか？

年齢や職業や性別、また平日か土日かなどで違いがありますので、平均的にどれくらいテレビを見ているのかを割り出すのは難しいかもしれません。

実は２０１０年末から２０１１年末までの間に、日本人のテレビの平均視聴時間は戦後最大となる、１日あたり17・９分減少したと言われています。

男女共に、すべての年齢において、テレビを見る時間が減っているのです。

もちろんこの減少の裏にはテレビ放送の「地上デジタル」への移行が絡んでいると言えます。

しかし、テレビの視聴時間は毎年減っており、企業がテレビに支払う広告費も毎年減っているのです。

「テレビはもう終わりか？」

このような話を聞くと、そのように思うかもしれません。しかし、テレビは世界的に見ても、新聞・本・雑誌・ラジオとは比較にならない影響力を持つメディアでもあります。

この20年間で爆発的な広がりを見せたインターネットも、子供からお年寄りまで、すべての層を含めて考えれば、テレビの影響力にはまだまだ及びません。

ですので、「テレビに出た」ということで、行列のできるお店や、一躍スターになる人々が今なお現れ続けているのです。

その影響力があるがゆえに、テレビ局は大きな力を持ち続けています。

しかし、そのテレビが今、大きく変わろうとしています。それをもたらすものが「スマートテレビ」です。

日本にはまだなじみのない「スマートテレビ」、おそらく同じ「スマート」という名前を持つ「スマートフォン」に比べても全く認知されていません。

しかし、このスマートテレビがこれから多くの人に知られるものになることは間違いありません。

既にアメリカを始め、世界各国にこのスマートテレビが普及し始めています。そして日本も2012年6月に総務省が日本の基本戦略を発表しました。


つまり、「国家」として取り組むものとして位置付けられているのです。


このスマートテレビは「革命」とも言える、大きな産業構造の変化をもたらします。テレビ局やテレビ製造メーカー以外の、テレビとは縁が遠かった携帯端末製造メーカー、パソコン製造メーカー、システム開発会社、ソフト開発会社等も巻き込みます。

今までテレビに登場していた、芸能人、タレント、専門家、スポーツ選手なども「新たな姿への変革」が求められます。

そして何より、「見ているだけ」であった私たち一般消費者や個人事業主や中小零細企業にとって、大きなチャンスが訪れる可能性があるのです。

是非最後までお読みいただき、いち早く「スマートテレビ」を活用して、より豊かな人生作りに役立てていただければ幸いです。

平成24年7月

木下裕司

スマートテレビ革命

目次

第2章 スマートテレビで変わる業界構造

第4章

日本のスマートテレビ

第5章

スマートテレビ時代を勝ち抜くビジネス戦略（個人編）

第6章 スマートテレビ時代を勝ち抜くビジネス戦略（企業編）

装丁　lil.inc

第1章

日本は完全に時代遅れの国

スマートテレビとは

「スマートテレビ」

このキーワードを見て、あなたは何を連想するでしょうか？

アップル社のｉＰｈｏｎｅを代表する「スマートフォン」を思い浮かべるかもしれません。

実際、知人10人ほどに「スマートテレビとは何か？」と質問したところ、「スマートフォン向けのテレビ番組やアプリケーション」と回答する人が半分で、残りの半分からは「分からない」という答えが返ってきました。

そもそも「スマートテレビ」は、現在、世界の薄型テレビ市場の３割を占める韓国の家電メーカーである**サムスンやＬＧ電子が使い始めた言葉**とされています。

日本ではスマート（Smart）というと「すらっとしている。細身な」という意味が当てはまるので、スマートテレビと聞くと、「薄型テレビ」を連想する人もいるかもしれません。

しかし、**スマートテレビで使われる「スマート」は「スマートフォン」と同義**です。英語圏では「スマート」という言葉は「賢い・お洒落な・鋭い」といった意味でも使われており、スマートフォンやスマートテレビは、「賢い」という意味合いで使われています。

つまり、日本語訳するとスマートテレビとは「賢いテレビ」という意味なのです。

スマートテレビは従来のテレビと何が違うのか？

それでは、スマートテレビの何が今までのテレビと違うのかというと、

①インターネット常時接続機能
②テレビ放送受信以外の処理能力

③秩序と無秩序の融合

この三つがポイントです。

実は、皆さんもご存知かもしれませんが、「インターネット常時接続機能」については「スマートテレビ」という言葉が生まれる以前から、AQUOS（アクオス）やBRVIA（ブラビア）やREGZA（レグザ）といった有名ブランドのテレビに備えられており、テレビのリモコンから、インターネット検索をすることもできましたし、ショッピングもすることができました。

さらには、テレビ番組表のデータを受信したり、テレビ放送を録画したりといった「テレビ放送受信以外の処理能力」も備わっていました。

「それなら別に、わざわざスマートテレビという言葉を使う意味は何か？」

その答えは、**「秩序と無秩序の融合」**というところにあるのです。

実は従来のインターネット接続ができないテレビも、接続ができるテレビも、基本的には「秩序」が保たれていました。

インターネット接続ができないテレビは、スポンサーからの制約、放送業界の制約、総務省をはじめとする国の制約、広告代理店からの制約といったもろもろの制約条件を乗り越え、許可された番組を一方的に受信することで、秩序を保っていました。

また、インターネット接続ができるテレビも、インターネットの世界は無秩序なものとはいえ、「テレビ放送」と「インターネット通信」はほぼ分離されていました。テレビ放送とインターネット通信が連動することはほとんどなく、利用者はテレビの画面を切り替えて放送とインターネットを使い分けていました。

また、インターネット接続により使えるサービスも、テレビメーカーが独自に開発したサービスや、提携した企業のサービスに限られ、一定の秩序が保たれていました。

例えば、インターネット検索なら「Ｙａｈｏｏ！　ＪＡＰＡＮ」と決められており、「グーグル」や「Ｂｉｎｇ」などは使えない。ショッピングなら「楽天」と決められており、「ビッダーズ」や「ｅＢａｙ」は使えない。

といった形での制限がされていたのです。

もちろん、こういった制限によってもたらされる「秩序」には大きなメリットがあります。例えば、小さなお子さんのいる家族でテレビを見る際、成人にならなければ閲覧してはならないようなアダルトなものや暴力的なものをシャットアウトすることもできます。

また、お年寄りや、インターネットサービスに詳しくない人がテレビを通じてインターネット上のコンテンツを使うときでも、クレジットカード情報や銀行口座情報を騙し取るような詐欺的なサービスに接するような機会も無くすことができるからです。

身近な例ですと、２０００年の初期にＮＴＴドコモのｉモードを皮切りとして、インターネット検索ができるようになったばかりの携帯電話を思い浮かべていただければ、さらに分かりやすいと思います。

ドコモ、ａｕ、ソフトバンク、といった携帯通信サービス提供会社（キャリア）ごとにそれぞれ「公式コンテンツ」というサービスをつくり、公式コンテンツのみが使えるという秩序がありました。

例えばインターネットオークションをするのであれば、ドコモは「楽天オークション」、ａｕは「モバオク」、ソフトバンクは「Ｙａｈｏｏ！　オークション」といったように、固定化されていたのです。

しかし、ｉＰｈｏｎｅをはじめとするスマートフォンが登場してから、「秩序と無秩序の融合」が起きました。

スマートフォンの利用者はそれぞれ、自分好みの「アプリ」「アップス」と呼ばれるコンテンツを「アップストア」や「アンドロイドマーケット」といった、マーケット（市場）から好きなものを選んで、ダウンロードし、自分のスマートフォンに搭載できるようになったのです。

「アップストア」や「アンドロイドマーケット」は今まで携帯通信サービス提供会社による規制水準よりも低く、開発能力があれば、大企業だけでなく一個人も登録することができます。特に「アンドロイドマーケット」は、登録する際の審査基準が低いため、様々なアプリが存在しています。

この「市場」の存在により、従来、携帯通信サービス提供会社によって規制されていた中では実現できなかったような、斬新さや面白さを持つコンテンツが登場しました。

特にソーシャルメディアのツイッターは、スマートフォンのインターネット常時接続機能や、端末の高い処理機能を生かして、爆発的な人気を集め、それがスマートフォンの利用者を増やすことにもつながりました。

このような良い面もありますが、審査基準が低いため、成人向けの「アダルト」な内容を含むコンテンツや、暴力的な表現のあるゲームなどのコンテンツも多数存在しています。

つまり、「無秩序」な状態が生まれたのです。

そのためユーザーは「秩序と無秩序の融合」の中で、**自分にとって必要なものを選んでいくという能動的な姿勢が求められるようになった**のです。

同じようにスマートテレビも、この「秩序と無秩序の融合」の中で視聴者は自分に必要な情報やコンテンツを自分から選んでいく必要があります。

そのため、スマートテレビと従来のテレビを比較する際に**「Lean Back（リーン・バック）」**と**「Lean Forward（リーン・フォワード）」**という言葉がよく使われます。

この言葉は、ソファーに座ってテレビを見るという、欧米式のテレビ視聴スタイルを元に作られたものです。

従来のテレビは、テレビに映る情報を見る、という受身的なものです。

視聴者はチャンネルを切り替える以外はすることがないので、ソファーに深く腰掛け、背もたれに身体を預けてテレビを見ていました。

これが「Lean Back」です。

逆にスマートテレビは、テレビに映す情報を自分で選んで選択していく、という能動的なものです。

視聴者はテレビ番組の中で使われる言葉やキーワードを検索したり、関連商品や関連する友達のコメントなどを探すため、ソファーに浅く腰掛けて、前のめりの姿勢でテレビを見るようになります。

これが「Lean Forward」です。

スマートテレビは、今までのテレビを見る姿勢すらも変えていくのです。

「開かれた市場」を生み出すOS

「秩序と無秩序の融合」を作り出し、スマートフォンにおいてもスマートテレビにおいても、視聴者を受身的な姿勢から、能動的な姿勢に変えた一番の立役者が「ＯＳ（オペレーティングシステム）」の存在です。

ＯＳとはパソコンにおけるマイクロソフトの「Ｗｉｎｄｏｗｓ（ウインドウズ）」が有名ですが、情報処理機能の土台を担うシステムです。

ＯＳはキーボードやリモコンからの文字入力を判断したり、画面を映し出す処理をしたり、計算処理を管理したり、データ保存の管理をしたりといった、様々なサービスに共通した部分の処理をしています。

このＯＳの存在によって、新たにサービスを作り出す人は、すべての処理をゼロから作る必要が無くなり、時間も手間も費用も省くことができました。

そして、利用者にとっても、ソニーのパソコンからＮＥＣや東芝に乗り換えても、同じＯＳが搭載されていれば、すぐに同じサービスを使うことができて、ゼロから使い方を学ぶ必要がなくなり、便利なのです。

スマートフォンでは、アップル社のiPhoneであれば「iOS（アイオーエス）」、その他の機種であれば「Android OS（アンドロイドオーエス）」が搭載されているように、スマートテレビも同様に「OS」が鍵になっています。

スマートテレビの「OS争い」

「OS」という言葉が出てくると、パソコンにおけるマイクロソフトの「Windows」とアップルの「MacOS（マックオーエス）」を思い浮かべる人が多いと思います。どちらもパソコン購入時に最初から組み込まれているOSです。

これに「Linux（リナックス）」という、無料で使えるOSを加え、あなたの身の回りにあるパソコンの9割近くが、この三つのOSのどれかが搭載されています。

これが、スマートフォンになると、日本の場合はアップルの「iOS」、グーグルの「Andoroid OS」、マイクロソフトの「Windows Mobil e」の3種類が有名です。

パソコンもスマートフォンも主要なOSは3種類ではあります。ただ、一般消費者にとっては、パソコンの「Linux」はどちらかというと、プログラマーやシステム開発者のような、パソコンに詳しい人向けのものですし、スマートフォンの「Windows Mobile」も電話端末への搭載率が日本ではまだ低いです。

基本的にはパソコンはマイクロソフトとアップル、スマートフォンはグーグルとアップルという「2強体制」になっています。

しかし、スマートテレビの場合は少し違います。まだ「スマートテレビのOSはこれです！」という明確な強者は出てきていません。

それをご説明するために、これからスマートテレビの状況を解説していきます。

「グーグル」はスマートテレビを牽引できるか？

インターネット検索の最大手であり、スマートフォンにおいても「Ａｎｄｒｏｉｄ　ＯＳ」を提供するグーグルはスマートテレビについて、２０１０年５月の段階でその構想を発表し、話題を集めました。

そのグーグルが掲げるのが、「グーグルＴＶ（グーグルテレビ）」です。

グーグルＴＶと言ってもグーグルがテレビを作って販売するというものではなく、グーグルの提供する「Ａｎｄｏｒｏｉｄ　ＯＳ」を搭載したテレビのことを示します。

日本のテレビメーカーのソニーが２０１０年の10月にこの「グーグルＴＶ」を製作・販売するということで、注目を集めました。

しかし、登場後にテレビ3大ネットワークでもあるＡＢＣ（アメリカンブロードキャスティングカンパニー）をはじめとする地上波の放送局から「グーグルＴＶへの番組配信を行わない」という締め出しを受けてしまいました。

テレビなのに今まで見ていたテレビ番組を見ることができないとなれば、それは致命的なことです。

この締め出しによるマイナスの風評はグーグルTVの普及に際して大きな壁になりました。

なぜ、地上波放送局からの締め出しを受けたのかというと、インターネット検索によって大きな力を持ち、スピードの速いグーグルがテレビ業界に進出することで、テレビ業界の今までの仕組みが大きく崩れることに、テレビ業界が反発したことにあります。

さらに、グーグルTVは「テレビのパソコン化」を考えていました。

そのため、グーグルTVを操作するリモコンは、私たちが従来使うようなものではなく、パソコンのキーボードをさらに進化させたようなものでした。

それが、ボタンの少ないリモコンで操作するという「テレビの手軽さ」を無くしてしまったため、利用者側からも受け入れられませんでした。

実際に2011年の8月の段階で、グーグルTVを製造していたソニーのテレビ事業は8期連続で累積5000億円とも言われる赤字となり、同じようにグーグルTVを製作している「Logitech（ロジテック）社」は2011年7月の決算発表時にグーグルTVの製作から撤退するということを発表しています。

インターネット検索とスマートフォンOSで業界のけん引役となっていたグーグルですが、スマートテレビにおいては苦戦しているのです。

「アップル」は熱狂的なユーザーを集められるか？

・パソコンに「美しいデザイン」という概念を取り入れた、iMac（アイマック）
・音楽をCDではなく「ダウンロード」して聴くという文化を創った iPod（アイ

ポッド）
・利用者に通話以外の「楽しさ」と「コミュニケーション」を提供したｉＰｈｏｎｅ
・パソコンに「常時インターネット接続」と「視認性」と「操作性」と「携帯性」を取り入れたｉＰａｄ（アイパッド）

私たちのライフスタイルに革新を起こすような製品を生み出しているアップルも、実はスマートテレビには早々に参入していました。

２００６年の段階で故スティーブ・ジョブズ氏が「ｉＴＶ（アイティーヴィー）」というプロジェクトネームを公開していたのです。

そして、その1年後の２００７年に正式名称を「アップルＴＶ（アップルティーヴィー）」とし、２００７年3月から販売が開始されていました。

ｉＰｈｏｎｅが２００７年の6月に発売開始、ｉＰａｄが２０１０年4月に発売開始ですので、なんと**アップルのスマートテレビの歴史はｉＰｈｏｎｅよりも3ヶ月早く、ｉＰａｄよりも3年も早かった**のです。

アップルTVはテレビ自体を作っているわけではありません。アップルTVの場合は「セットトップボックス」という小型の箱型の処理装置を用いることで、テレビをスマートにしています。

セットトップボックスの役割は、テレビの放送の信号を受信して、映像に切り替える役目をしています。このセットトップボックスに、ネットワークケーブルを接続した後、既存のテレビやモニターやスクリーンのHDMI端子と接続することで、視聴が可能になるのです。

セットトップボックスを利用したアップルTVの魅力は、「既存のテレビが利用できる」ということです。実際、テレビでなくても画面を映し出すものであれば、プロジェクターやパソコンのモニターなども利用できます。

テレビの本体を買おうとすれば、やはり10万円ぐらいの金額になります。しかし、小型のセットトップボックスは価格も「1万円程度」で比較的安価に抑えることができるのです。

「既存のテレビが使えて、しかも安い」

この手軽さにより2007年から売り出されたアップルTVはその後改良が加えられ、2010年の9月に新型演算装置が搭載され大幅に小型化に成功し、価格も引き下げられたことで、3・5ヶ月程度で100万台が販売されました。

日本でも、2010年11月から発売されています。

販売台数は公表されていませんが、価格の安さや設置のしやすさ、そしてアップル社の熱狂的なユーザーに支えられて、徐々に顧客を増やしています。

世界のテレビ市場のシェアを伸ばす「サムスン」

グーグル、アップルに続いて、動向が注目されているのが、サムスン（SAMSUNG）です。

サムスンは韓国の家電メーカーです。日本国内でも薄型液晶テレビが流行したあたりから、日本のテレビに比べはるかに低価格のテレビを打ち出したことで、認知度を高めていきました。

さらにスマートフォン市場にも進出しており、日本国内で売り出されているスマートフォン端末もサムスン製のものが増えています。

日本ではテレビといえばシャープの「ＡＱＵＯＳ」、ソニーの「ＢＲＡＶＩＡ」、東芝の「ＲＥＧＺＡ」、パナソニックの「ＶＩＥＲＡ」といったブランドが、家電大手企業の宣伝効果もあって認知度が高いため、サムスンの認知度は高くありません。

しかし、世界市場を見ると、２０１２年の薄型テレビ販売実績では、同じく韓国の家電メーカーである「ＬＧ電子」と共に、世界シェアの34％を占めており、日本勢の31％を上回っています。

日本の場合は10社ほどの家電メーカーの合計で31％ですが、韓国はたった２社で34

%を押さえています。

その34%のうちの20%はサムスンのテレビですので、単独で世界市場の2割を押さえる世界一のテレビ製造企業なのです。

そのサムスンはグーグルの「Andoroid OS」を元にスマートテレビを製造していますが、スマートフォン向けに「Bada OS（バダオーエス）」という自社開発したOSを提供しています。

発展途上国向けのスマートフォンなどに搭載されており、その数は全スマートフォン市場の2%程度ですので、アップルやグーグルからするとそれほど脅威ではありませんが、現在、世界の20%のシェアを誇るテレビ市場において、サムスンが独自のOSを搭載するとなると、新たな勢力となる可能性があります。

また、サムスンは既に「サムスンApps（サムスンアップス）」というアプリケーションプラットフォームを提供しています。

どういうことかというと、「Ａｎｄｒｏｉｄ　ＯＳ」を搭載したドコモのスマートフォン端末にある、「ｄマーケット」と同じような概念のものです。

「Ａｎｄｒｏｉｄ　ＯＳ」を元に作られたアプリケーションを開発した人が、ドコモのスマートフォンユーザーに自分のアプリケーションを利用してもらいたいと思ったときは、ｄマーケットに申請をし、それをドコモ側が審査して合格すると、ｄマーケットに登録されるというもので、同様に「サムスンＡｐｐｓ」もサムスンのスマートテレビでアプリケーションを配布したい場合に、開発者から審査を受け、それに合格したもののみが登録されるようになっています。

ちなみに、薄型テレビ市場で14％の世界シェアを取るもう一つの韓国勢の「ＬＧ電子」はグーグルＴＶを搭載したテレビを製造しており、今のところＯＳ開発の動きは見られません。

その他のスマートテレビ

スマートテレビの中身のシステム「グーグルTV」を提供してシェアを広げるグーグル、既存のテレビをスマートテレビ化するセットトップボックス「アップルTV」を提供してシェアを広げるアップル、テレビ市場の圧倒的なシェアを武器に、独自のOS開発を進める「サムスン」、それぞれが、もともとの本業が異なります。

グーグルはインターネット検索システム提供、アップルはパソコンメーカー、サムスンは家電メーカーなので、スマートテレビに対する考え方も今後の戦略も違います。

「この3社でこれからの覇権を争うのかな?」と思われるかもしれません。

もちろん、それぞれ大きな資本を持つ企業ばかりですので、動きが注目されます。

しかし、実はスマートテレビには他にもいくつかのプレイヤーが存在するのです。

【スマートテレビ用アプリケーション製作会社の場合】

Ｆｌｉｎｇｏ（フリンゴ）

世界の約１２０カ国で既に使われている、約１０００万台以上のテレビで利用可能な、スマートテレビ用のアプリケーションを開発して提供しています。

ユーチューブやフェイスブックやツイッターで話題になっている番組をテレビで見られるようにしたり、放送中のテレビ番組に、フェイスブックで「いいね」をつけたり、ツイッターでコメントすることができます。

【インターネット回線・通信会社の場合】

Ｖｉｄｅｏｓｃａｐｅ（ビデオスケープ）

インターネットの通信技術やサーバー技術において、高い実績を持つシスコ社が開発する、スマートテレビ用のプラットフォームです。高い通信技術により、様々な会社のスマートフォンやタブレットなどを、テレビと連携させることができます。

つまり、アップルＴＶの場合、ｉＰｈｏｎｅやｉＰａｄといったアップル社の製品との連携に限られる場合がありますが、Ｖｉｄｅｏｓｃａｐｅなら、他社のスマートフォンでもタブレットでも、セカンドスクリーンとして連携させることができるのです。

【ブラウザ提供会社の場合 ＯｐｅｒａＴＶ（オペラティーヴィー）】

ＩＥ（インターネットエクスプローラー）、グーグルＣｈｒｏｍｅ（グーグルクローム）、Ｆｉｒｅｆｏｘ（ファイアーフォックス）といった、インターネットの「ブラウザ」を提供している会社の一つ、Ｏｐｅｒａ社が提供するサービスです。インターネットに接続できるテレビであれば、Ｏｐｅｒａ社が提供する、ＯｐｅｒａＴＶ Ｓｔｏｒｅ（オペラティーヴィーストア）から、好きなスマートテレビ用アプリケーションを手に入れることができます。

【OS提供会社の場合】

MediaRoom（メディアルーム）

パソコンの代表的なOSである「Windows」を提供しているマイクロソフト社が、全世界のインターネット通信会社に提供しているサービスです。Windowsが搭載されたパソコンや、マイクロソフト社のゲーム機「Xbox360」、マイクロソフト社のOSで動いているスマートフォンなどと、テレビを連携させることができます。

【セットトップボックス提供会社の場合】

Roku（ロク）

もともとはアメリカの大手オンラインDVDレンタル会社のネットフリックス社の保有する映画を、インターネット回線を通じてパソコンではなく、テレビで見るために作られたセットトップボックスです。特徴的なゲームのコントローラーにもなるリモコンが付属しています。映画だけでなく、スポーツのライブ中継や、音楽を聴くこともできますし、スマートフォンからの操作も可能です。

BoxeeBox（ボクシーボックス）

Ｒｏｋｕ同様に、インターネット上から映画や音楽を閲覧したり、ゲームをテレビですることが可能になるセットトップボックスです。キーボードがついているので、パソコンのように使えることや、１テラバイトの大規模なデータ保存容量を持つタイプもあり、複数のスマートフォンやタブレットなどと、同時に情報を共有することも可能です。

【テレビ受像機提供会社の場合】

NETCAST（ネットキャスト）

サムスンと共に薄型テレビの世界市場を牽引するＬＧ電子のスマートテレビプラットフォームです。ＬＧ電子の製造するテレビだけでなく、オーディオ、レコーダーなどとも連携させることができます。

【インターネットポータル提供会社の場合】

YAHOO CONNECTED TV（ヤフーコネクトテレビ）

検索だけでなく、ショッピングやビジネス情報など、インターネットにおける総合的なサービスを提供するYAHOOが提供する、スマートテレビ用プラットフォームアプリです。

このアプリを搭載した、テレビ、スマートフォン、パソコン、タブレットは、メーカーを超えて連携させることができます。

いかがでしょうか？　スマートテレビにはここに挙げた以外にもこれから様々なプレイヤーが参入する可能性もあり、まさに群雄割拠という状態です。

「いくつかの企業に絞られたほうが、使う側にとってメリットがあるのではないか？」と思われるかもしれません。しかし、スマートテレビにおいては当分の間、「勝ち組」というのは現れないと思われます。

その理由の一つがテレビの「耐用年数の長さ」です。

パソコンは3~5年ほどで買い換えられるのが普通です。ですから、パソコンを製造するメーカーや、搭載される演算装置はもちろんですが、パソコン上で機能する「検索エンジン」や「検索ポータルサイト」は3~5年間の競争で勝者が絞られていきました。

例えば、1990年代に日本においてはYahoo、msn、nifty、goo、biglobe、フレッシュアイ、infoseekといったような様々な検索エンジンやポータルサイトが登場していましたが、20年前には存在すらしていなかったグーグルが、2000年からの約10年間の間に勝者となったのです。

しかし、テレビの場合はパソコンの2倍以上の耐用年数があります。

あなたの家や友人の家のテレビを思い浮かべてみてください。地上デジタル放送への移行で、買い替えが行われたところもあると思いますが、テレビの買い替えをせずに「チューナー」の設置で移行を乗り切ったところもあり、未だに10年前、15年前の丸いブラウン管テレビや、平面ブラウン管のフラットテレビを使っているところは多いでしょう。

同じように耐用年数の長いスマートテレビは、今も今後も勝者は分からない状況にあるのです。特に、地上デジタルテレビへの移行を終えたばかりの日本では、今の地上デジタル対応テレビの耐用年数を超えるまで、今後10年間ぐらいは勝者が出ないと思われます。

世界のスマートテレビマーケット

実際、どれくらいスマートテレビは普及しているのか、世界各国の動きをまとめました。

〈アメリカ〉

スマートテレビの先駆けとなったグーグル、アップルが本拠地を置く、アメリカのスマートテレビ普及率は、調査会社ＮＰＤグループの調べでは、２０１０年の段階で全液晶テレビの12％に及んでいます。

〈韓国〉

日本よりもＩＴ環境整備が進んでおり、世界のテレビ市場の34％を占めるサムスンやＬＧ電子が本拠を置く韓国では、スマートテレビは２０１１年の時点で約１００万台が普及しています。これを韓国の世帯数が２０００万ということで考えると、５％に相当します。

〈中国〉

２０１１年に「ネットワークテレビ・マルチメディア通信設備要求」「ネットワークテレビ・マルチメディア通信機能要求」「カラーテレビ情報化指数評価通用規範」といった、業界標準規格が打ち出され、スマートテレビ・ネットワークテレビの標準規格を世界に先駆けて整えました。

中国メディアの「人民網」では、２０１１～２０１２年でスマートテレビの普及率が８・３％になると予測しています。

〈インド〉

中国に次ぐ人口数を誇るインドは、農村部を中心に未だにブラウン管型のテレビが主流ですが、スマートテレビに関しての関心は高く、実際にインドでスマートテレビを製造、販売する「パナソニック・インド」の調べでは、すべてのテレビ販売のうち20～30％をスマートテレビが占めると予測しています。

〈EU〉

ＥＵ24カ国はテレビ市場を韓国勢が全世界平均を上回る形で席巻しています。

２０１１年11月の時点で、全薄型テレビ市場の31％をサムスンが、15％をＬＧ電子が持っており、２台に１台が韓国製となっています。

サムスンもＬＧ電子も、販売するテレビの半分以上をスマートテレビに移行しつつあり、スマートテレビが最も普及しやすい土壌が出来上がっています。

スマートテレビの視聴スタイル

世界のテレビ市場が、スマートテレビの普及を推し進めていることはお分かりいただけたと思います。

それではここから、実際のスマートテレビがどのようなものなのかということを伝えていきたいと思います。

前述のように、スマートテレビに関しては、
「サムスンのようなテレビ製造企業」
だけでなく、
「アップルのようなパソコン製造企業」

「グーグルのような内部システム開発企業」
といった様々なプレイヤーが参加しています。

お互いにもともと分野が違い、収益構造も違うので、それぞれに細かな違いがあります。

しかし実際にスマートテレビというくくりで考えると、大きく**「一画面方式」**と**「二画面方式」**の二つに分けることができます。

一画面方式とは、一つのテレビ画面の中に様々なアプリケーションが搭載されており、利用者はテレビ画面上で様々な操作や情報閲覧ができるというものです。

例えばテレビ番組の映像部分を、テレビ画面の中の4分の1ぐらいの大きさに切り替え、残った4分の3の部分で天気情報や買い物情報などを見るというものです。

二画面方式とは、テレビの進行に合わせて、スマートフォンやタブレットPCなどが連動して、別の情報や操作ができるというものです。

例えば、テレビの画面には映像だけが出ていて、テレビと連動したスマートフォンにはその映像の字幕や注釈、そのテレビで紹介されている商品の製品概要や購入方法などの情報が提供されるというものです。

一画面方式は、近年発売されてきたテレビ番組表を見ることができる薄型テレビにも代表されるように、一つの画面の中ですべての動作ができるため、分かりやすいものです。

スマートテレビの提供側も「テレビだけ」の開発をすればよいので、開発コストも低くなります。

一画面方式はグーグルTVをはじめ、多くのスマートテレビ提供メーカーが採用している方式です。

二画面方式は、アップルTVがその代表格です。

アップルTVで放映されている映像に関連した番組の説明や、感想を共有するソーシャルメディア、出てくる商品の購入といった情報が、利用者が持つアップル製の「iPhone」や「iPad」を通じて提供されます。

テレビだけでなく、他の端末に対しても開発が必要になるため、手間やコストは高くなりますが、利用者にテレビ以外の端末を購入してもらえる可能性も持っているだけでなく、一つのテレビを複数で見ている場合、それぞれがその番組に関連する好きな情報をそれぞれの端末で見ることができるのです。


つまり、一画面方式は家族全員で同じ番組を見て、同じ情報を共有するのに適しています。「家族でテレビで盛り上がりたい」という場合には向いた視聴方法です。特に小さな子供がいる家庭には向いています。

また、二画面方式は「家族で見たいけど、自分は自分の知りたい情報を得たい」という場合に向いた視聴方法です。特に子供が成長し自分の価値観を持つようになった家庭には向いていています。

このように一画面視聴も二画面視聴も、それぞれに特徴があるので、利用者は自分のライフスタイルに合わせた視聴スタイルを実現できるものを選ぶことができるのです。

いつでも、どこでも、どんな媒体でも見られる「オンデマンド視聴」

スマートテレビは、従来のテレビに加えて利用者に新たな楽しみを与えています。それがオンデマンド視聴とソーシャル視聴です。

オンデマンド視聴とは、利用者が見たい時に、見たい番組を見ることができるというものです。

動画共有サイトのユーチューブやニコニコ動画をイメージしていただくと分かりやすいと思いますが、番組が倉庫のような場所に保管されており、それを見たい時に検索して、視聴するスタイルです。

既に、番組を録画できるハードディスク内臓型テレビを使えば、録画した番組を見たいときに視聴できるようになっていますが、スマートテレビの場合は少し違います。それは情報をテレビや端末側で保存する必要がないということです。ハードディスク内臓テレビの場合は、録画をしすぎてハードディスクの容量をオーバーすれば、それ以上の録画はできず、見たい番組を見ることはできません。

しかし、スマートテレビは放送局や番組提供システム側で情報を管理し、利用者はそれを逐一、インターネットでアクセスして見に行くので、容量を気にせず見ることができます。

これは「クラウド視聴」とも呼ばれています。

クラウドとは「雲」を意味しています。視聴者はテレビ番組のデータがどこにあるのか考える必要はありません。

スマートテレビのサービス提供側が用意するインターネット上に存在する雲のような倉庫から、必要に応じて見たい番組のデータを取り出して見るだけなのです。

つまり、今までテレビを見るためには、テレビ放送が行われている時間にテレビをつけなければ、録画をしない限り見逃していましたが、スマートテレビはクラウドから好きな番組を取り出すことで「見たい時にいつでも見ることができる」のです。

これは「タイムシフト」と呼ばれています。「タイム」は時間という意味、「シフト」は移動という意味ですので、スマートテレビは「時間」の制限を受けないのです。

また、アップルＴＶのように、ｉＰｈｏｎｅやｉＰａｄといった携帯電話や、パソコンも製造しているようなメーカーでは、一つの利用者情報に基づいて、それぞれの端末で見ることができます。

例えば、テレビで好きな番組を見ていた時に、外出しなくてはならなくなった場合、外出先で携帯端末から続きを見ることもできるのです。

つまり、今までテレビを見るためには、テレビのある場所にいなくては見ることができませんでしたが、スマートテレビは「見たい場所でどこでも見ることができる」のです。

これは「プレースシフト」と呼ばれています。「プレース」は場所という意味ですので、スマートテレビは「場所」の制限を受けないのです。

インターネットを通じ、みんなで番組を見て楽しむ「ソーシャル視聴」

ソーシャル視聴とは、「ソーシャル＝社会」ということで、インターネットを通じて同じ場所にいない複数の人々が、一つの番組を見て、それぞれに感想や意見を共有し合って番組を見る方式です。

実際にアメリカでは、ソーシャルメディアのツイッターでの話題の半分近くが「テレビ番組の話題」とも言われているほど、多くの人がテレビ番組を基点としたコミュニケーションを楽しんでいます。

日本でも一つの動画にたくさんの人がコメントをし合うことができる「ニコニコ動

画」がヒットし、数ある動画共有サービスの中でもいち早く黒字化に成功しました。
テレビ番組を一人で楽しむというのもメリットがありますが、サッカーや野球といったスポーツ番組をみんなでコメントしながら楽しむというのも大きなメリットがあります。

距離や経済的な問題で会場に行けない人でも、仲間と一緒に会場にいるような雰囲気を味わうことができるため、ますますテレビ放送を楽しむことができるのです。

今までツイッターで一つの番組についての情報を発信したり共有する場合は、「ハッシュタグ」という「#」から始まる記号を、利用者自身がコメントの文末に用いなければなりませんでした。

しかし、スマートテレビは番組ごとにツイッターのようなコメント共有サービスが作れるため、従来の手間をかけずに、コメントを共有できるようになります。

それにより一層多くの人との情報共有ができますし、限られた友人だけで閲覧するといったこともしやすくなります。

独り暮らしの人にとって、テレビは今まで「一人で見るもの」でしたが、スマートテレビによって、「みんなで見る楽しさ」を手に入れることができ、よりテレビに熱中していく土壌ができるのです。

第2章

スマートテレビで変わる業界構造

テレビ業界全体の収益源が激減する

スマートテレビがもたらす業界構造の変化で最も大きいものは、テレビ業界全体の既存収益の減少です。

その理由は、音楽業界の動向を見ると明らかです。

音楽業界はこの約20年の間で、1998年に5878億円をたたき出したCD市場が、2010年には約3分の1の2220億円にまで減少しました。

「携帯電話やiPodをはじめとするダウンロード視聴が増えているから全体の売上は変わらないのではないか?」

と思われるかもしれませんが、2008年・2009年の有料のダウンロード視聴の売上は900億円で、しかも2010年には850億円と、5%以上の減少を記録し、その後も減少傾向にあります。

つまり、この20年の間で音楽業界の市場は2分の1に縮小してしまったのです。

その原因を作っているのが、「オンデマンド視聴」です。

なぜかというと、オンデマンド視聴は「聞きたいものだけを聞く」という視聴スタイルだからです。

今までのカセットやCD販売は、メインの曲と共に入れられていた、カップリング曲（レコード・カセット時代のB面）を合わせて1000円で販売できたわけですが、そのカップリング曲を聴かずに、メインの曲だけが売れてしまうようになったのです。

もちろん、好きなアーティストの曲は全部聴きたいと思う熱狂的なファンもいるので、全くカップリング曲が売れなくなったわけではありません。

「メインの曲を高くして、2倍の値段で売ればいいじゃないか？」と思われるかもしれません。しかし偶然思い浮かんで作ったカップリング曲がヒットする場合もあります。

一番の問題は「芸術の価値を市場に出す前に見極めることは非常に難しい」という

ことです。

音楽を作成したアーティスト自身が、この曲はいくら、この曲はいくら、というような価格設定をすることも難しいですし、アーティストの所属するレコード会社も値段をつけるのは難しいでしょう。

テレビ番組もある意味、音楽と同様です。

大掛かりな舞台装置を使ったり、海外の有名タレントを起用してお金をかけたからといって、高視聴率が達成できるわけではありません。

新人のギャラの安いタレントを起用し、簡素なスタジオで撮影したような番組がヒットすることもあります。

その上、オンデマンド配信が一般化すれば、視聴者は自分が見たいと思う番組だけを選んだり、ツイッターやフェイスブックなどのインターネット上で話題を集めるような番組だけを見るようになります。

となれば、お金をかけても面白いと思われない限り、番組は見られませんし、今まで「ついで」に見られていたような番組が見られなくなる可能性も大きくなるのです。

「音楽は有料だが、テレビは無料だから関係ないのではないか?」

と思う人もいるかもしれません。

しかし、テレビは視聴者がお金を払うことはありませんが、その代わりに広告主(スポンサー)がお金を払っています。

広告主の立場になったらどうでしょうか?

従来のテレビの場合は人気番組以外の番組も「ついでに見よう」という視聴者が多数存在したため、番組ごとだけでなく、土曜日の夜6時から夜10時までといったように、数時間単位の番組枠の広告費を広告主が支払っていました。

オンデマンド配信が広がれば、広告主は人気のある番組だけにお金を出すようになります。

ご存知の方も多いと思いますが、企業の支払うテレビ広告費はこの約10年間で、2000年に記録した1兆7521億円から2011年の1兆4338億円へと約20％の下落をしています。

ただでさえ、減少傾向にある中で、さらにオンデマンド配信が加速されると、既存のテレビ業界の収益減少は避けられない状況になるでしょう。

「テレビ業界は広告主だけでなく、視聴者からもお金を取れば大丈夫なのではないか？」

と思う人もいるかもしれません。

もちろん、アメリカのようにテレビ番組の視聴時間に応じて料金を支払う「ペイパービュー方式」が根付いている国は、利用者もお金を支払いやすいでしょう。

しかし、日本の場合、ＮＨＫに対して受信料を支払っている世帯も多いですが、「民放テレビは無料」という文化が根強く残っているので、テレビ放送を課金し始めた瞬間、視聴者の多くがテレビを見なくなる可能性も出てきます。
視聴者がテレビを見なければ、広告主はお金を払うメリットがありません。となれば、広告主と視聴者両方からお金を取るどころか、テレビ業界は収益化ができず、ビジネスモデル自体が崩壊してしまいます。

つまり、スマートテレビは既存の従来のテレビ業界の姿を大きく変えなければならなくなるほどの影響力を持っているのです。

テレビの収益が薄く広く分散される

スマートテレビによってもたらされるもう一つの問題が、「テレビによる受益者は誰か」というものです。

従来のテレビ番組によって利益を得ていたのは、おおまかに言えば、

①テレビ番組に広告を出して視聴者に製品・サービスを購入してもらう広告主

②広告主とテレビ局の間を取り持つ「電通」「博報堂」といった広告代理店
③放送枠の販売と番組制作でお金を得るテレビ局
この3者とも言えました。

しかし、スマートテレビになると、テレビ自体を製造していたメーカーや、スマートテレビ用のOSを提供するメーカー、スマートテレビ用のアプリケーションを提供するメーカー、といった新たな参加者にとって利益が得られる可能性が出てきます。

もともと、スマートテレビという言葉が、テレビ製造メーカーであるサムスンやLG電子が使い出したように、スマートテレビによって収益を得たいと最も思っているのはテレビ製造メーカーに他なりません。

なぜならテレビ自体は一度消費者がお金を支払うと、それ以降テレビ製造メーカーにお金が入ることは有料の修理サービス以外ほとんどありません。

カミソリやプリンターのように、「替え刃」や「トナー」といった継続的に消費者がお金を支払うものではなく、購入時に一度お金を支払ってもらうだけの事業なのです。

ですから、8期連続で赤字となったソニーだけでなく、AQUOSを展開するシャープも含め、多くの電機メーカーのテレビ部門は赤字や低収益体質なのです。

そのような厳しい電機メーカーのテレビ部門の救世主として期待されているのがスマートテレビです。

今までテレビ購入時以外に得られなかった収益が、スマートテレビを通じて、視聴者から毎月100円でも得られれば、電機メーカーにとっては新たな収益の柱となる可能性があります。

ご存知の方も多いと思いますが、電機メーカーは今まで広告主としてテレビ局に対して「テレビを買ってもらうための」広告費を支払い続けてきました。

有名タレントを使ったＡＱＵＯＳやＶＩＥＲＡといったテレビのＣＭは、特に番組視聴率が高いゴールデンタイムに放送されました。

もちろんゴールデンタイムのＣＭ料金は非常に高いものです。

しかし、スマートテレビが普及し、新たな収益が得られるようになった電機メーカーはテレビ局に広告を支払う必要がなくなります。

むしろ、スマートテレビに搭載するコンテンツを提供し収益を得たいと思っているアプリケーションメーカーなどから、逆に「広告費」をもらうこともできるようになります。

つまり、スマートテレビによって電機メーカーは「新たな売上」を生み出し、「高い広告費」を削減し、収益を拡大することができるのです。

さらに、スマートテレビによる受益者は他にも登場します。

それがグーグルやアップルといったスマートテレビ用のOSを提供するメーカーです。

OSはスマートテレビのプラットフォームです。そのプラットフォームを利用したいと思うのは、テレビ局だけではありません。

テレビ放送に関連した商品を自動的にインターネット上から検出し、販売するようなサービスや、テレビ放送に関連した専門家のコメントを有料で見ることができるようなサービスなどを提供するアプリケーション開発会社は、OSの提供をしているグーグルやアップルにお金を支払うことで、視聴者がテレビ購入時にそれらのアプリケーションを「オススメのアプリです」というように、知ることができる広告を出してくれたり、最初からそのサービスを搭載してくれる可能性があります。

また、それらのアプリケーションが有料の場合、視聴者がお金を支払う際に「決済手数料」の形でお金を取ることもできるので、アプリケーション開発会社からは広告費を、消費者から手数料をという形で、利益の2重取りができるのです。

そして、最後はスマートテレビ上で有料のアプリケーションを提供する企業や個人です。

ご存知のようにインターネットが多く普及しているとはいえ、テレビは未だに一度に数万~数千万人が見る巨大メディアです。

例えばインターネット放送の場合、一度に見てもらえるのはせいぜい数百人です。よほど有名なものでも一度に1万人が見ることなどほとんどありません。

つまり、スマートテレビにアプリケーションを提供し、視聴者からたった1円でも10円でもお金をいただくことができれば、大きな収益を得られる可能性があるのです。

このように、**スマートテレビが普及すれば、今までの「テレビ局」「広告代理店」**

「広告主」に加えて、「電機メーカー」「OS提供会社」「アプリケーション開発会社」が、収益を分け合うというような状況になります。

もちろん視聴者がテレビを通じてどんどんお金を支払う文化ができればいいでしょうが、高齢化社会による景気低迷もあり、視聴者がスマートテレビを通じて、お金を湯水のように使うことはありえないでしょう。

つまり、限られたテレビでもたらされる収益は、薄く広く分配されるようになるのです。

テレビ番組で広告を出せる人が増える

テレビ番組において、シビアな問題になるのが「広告」です。

従来、テレビ番組に対して広告が出せるのは、基本的にはそのテレビ番組に広告費を支払った広告主だけでした。

しかし、スマートテレビの場合はその広告モデルが崩れる可能性があります。

ユーチューブのような動画共有サイトを考えていただくと分かりやすいのですが、ユーチューブにアップロードされている映像に対して、広告を管理しているのはユーチューブのサービスを運営しているグーグルです。

そのユーチューブにアップロードされている映像は、「昔懐かしいＣＭ」というような感じで、当時の企業が費用を支払って製作したＣＭの映像が膨大にあります。

そして、その映像が流れている画面上にバナー広告を流したり、その動画が始まる前にＣＭを流す権利を持っているのはグーグルにお金を支払った広告主です。

例えば、ユーチューブに「コカコーラ」の昔のＣＭ映像がアップロードされているとします。

その映像にコカコーラの競合である「ペプシ」がグーグルにお金を支払えば広告を載せることができてしまうのです。

スマートテレビの場合、誰が映像に対して広告を掲載できるのかは分かりにくくなります。

例えばテレビ自体を作っているソニーやサムスンが広告を掲載できる権利を持つかもしれませんし、グーグルやアップルといったOS提供者がそうかもしれません。さらに個人や企業によるアプリケーション提供者なども広告を掲載できる可能性があります。

もちろん、もともとのテレビ番組にお金を支払った広告主が、電機メーカー、OS提供会社、アプリケーション開発会社といったスマートテレビに広告を掲載できる可能性があるすべての対象にお金を支払えば、広告の管理はできるかもしれません。

しかし、それらを広告主が一元管理することはかなり難しいものでしょう。

この複雑さを解消するため、既にスマートテレビ先進国のアメリカで生まれ、日本でも展開されているサービスが**「Ｈｕｌｕ（フールー）」**です。

Ｈｕｌｕという名前は、中国語で大事なものを入れる「ひょうたん」を意味しています。

しかし、中国で生まれたサービスではなく、ＮＢＣユニバーサル、ニューズ・コーポレーション傘下のＦＯＸエンターテイメントグループ、ディズニーＡＢＣテレビジョングループ、プロビデンス・エクィティ・パートナーズなどのアメリカのテレビ放送局・映画配給会社が合同で出資した、有料動画配信サービスです。

月額固定の料金で、Ｈｕｌｕに登録されたテレビ番組や映画を見ることができます。

このＨｕｌｕは動画の配信だけでなく、広告も管理しています。

このように、各放送局が個別にスマートテレビへの放送提供をするのではなく、協力し合って一つの会社を作り、スマートテレビへの放送を管理していくことで、テレビ製造メーカーや、ＯＳ提供者、アプリケーション提供者に対しての発言力を増すことができれば、スマートテレビでの放送および広告管理がしやすくなるのです。

また、もう一つの対策として、電機メーカーに対して規制をする動きもあります。

フランスでは放送業界が一丸となって、

①テレビ番組が映し出される画面に表示される広告は、放送業界側で決められるもののみとする

②テレビ画面に、「番組」だけでなく、オンラインチャットや天気情報と株価情報といったような複数の情報を盛り込む場合、その内容についても放送業界と協議して取り決める

という規制を作ろうとしています。

つまり、フランスでは放送業界がスマートテレビを、自分たちの管理下に置こうとしているのです。

しかし、スマートテレビはこのような規制もかいくぐって広告を出すことができま

す。

実はそれができるのは「視聴者」です。

スマートテレビは前述の「ソーシャル視聴」によって、テレビ放送中に視聴者同士がコメントを送り合い、共有することができます。

例えば、コカコーラのＣＭが流れているときに、「ペプシの方がうまいよ」とか、通販番組をしているときに「これと同じ商品が楽天で20％オフだよ　詳しくは→http://・・・」というようなコメントを規制することはほぼ不可能でしょう。

つまりスマートテレビは視聴者も巻きこみ、広告を出せる人が増大するのです。

テレビは一度に何百万人もの人が視聴する、影響力の大きいメディアです。

その影響力ゆえに、テレビから得られる利益も大きく、その利益を失う可能性のある放送業界や、赤字の続くテレビ製造業界、更なる利益を獲得したいＩＴ業界は今後熾烈なやり取りを続けていくでしょう。

テレビ番組以外の情報を規制できなくなる

本書ではスマートテレビを分かりやすく理解していただくために、日本で広く普及しているスマートフォンを例にしてきました。

そのスマートフォンとスマートテレビの最大の違いともいえるのが、「画面の大きさ」です。

スマートフォンは手のひらサイズのものがほとんどで、画面も10㎝程度の小さなものです。

しかし、スマートテレビは画面幅が50㎝や1メートルといった大型のものもあります。

スマートフォンの場合は、画面が小さいため、基本的には一つの画面に一つか二つのコンテンツを表示することしかできませんでした。

しかし、スマートテレビは一つの画面に、画面の幅と、テレビの処理機能の許す限り、複数のコンテンツを表示させることができます。

そこで問題になってくるのが、テレビ番組以外の情報を誰が規制するのかということです。

もちろんテレビ放送を受信しているときは、テレビ映像だけしか表示しないというのであれば規制はしやすいのですが、それではスマートテレビの本来の面白さである「ソーシャル視聴」を妨げてしまいます。

「テレビ番組とコメントだけ許可すればいいではないか？」と思われるかもしれませんが、テレビ番組の広告主としては、番組中に紹介される商品の広告や、その商品が買えるショッピングカートを表示したいでしょうし、テレビ局としては、自社の放送をもっと見てもらうために、他の番組の紹介なども表示したいでしょう。

また、スマートテレビ自体を提供している電機メーカーとしては、新型のテレビの情報だけではなく、スマートフォンやパソコン、さらにエアコンや冷蔵庫といった自社の製造商品を表示したいかもしれません。

このようになると、テレビの画面をめぐって、様々な関係者が熾烈な表示争いをする可能性が出てきます。

基本的には、視聴者側でテレビ画面に何を表示させるかを選ぶことになると思います。しかし、スマートテレビで収益を上げたい様々な関係者は完全にはテレビ画面のすべてを視聴者に明け渡さない可能性もあります。

となれば、視聴者も交えて、**テレビ画面に何を表示するかについてはますます規制が難しくなる**のです。

テレビ局の垣根が無くなる

前述のＨｕｌｕの例が分かりやすいかと思いますが、スマートテレビは視聴者に対する「チャンネル」「テレビ局」の垣根を取り払います。

今までは、「ＮＨＫは信頼できそう」とか「フジテレビはバラエティー番組が多くて面白そう」「テレビ東京は低予算なりの番組の切り口が面白そう」といった形で、視聴者は大まかな放送局ごとのイメージを持っており、テレビを「つけっぱなし」にして、とりあえず見続けるというスタイルでした。

しかし、スマートテレビによっていつでも好きな番組を見られるようになると、視聴者は今まで一方的に受身だった姿勢から、「自分が見たい番組は何か」ということを、探し出す能動的な姿勢に変化します。

さらに、「ソーシャル視聴」が普及すれば、「今この時間にどんな番組をみんなが見ているのか?」「自分の友達はどの番組を見ているのか?」「有名人のオススメ番組は何か?」ということが分かるようになります。

となれば、もはやチャンネルなどはどうでもよく、「番組」に対して焦点が当てられるようになります。

すると「フジテレビだから」「NHKだから」といった視聴者のテレビ局に対するイメージは薄れていきます。そして、テレビ局側は「面白い番組」を作れなければ即収益ダウンという状況になるのです。

このような状況を回避するため、テレビ業界全体で番組を面白くするような取り組みが行われていくでしょう。

現在でも一つの番組で当たった企画が、他の局の番組で真似されて使われることは増えていますが、スマートテレビが普及することによって、テレビ局の垣根を越えて面白いコンテンツを作り合うような協力体制が作られる可能性があります。

広告費の考え方が変わる

テレビ局の垣根が無くなり、個別の番組を消費者が好きな時間に見るようになれば、広告主の考え方にも変化が出ます。

今までの広告主は、

①「番組内容」

②「放送時間」

この二つの要素を「合わせて」考えながら、広告費を支払っていました。

例えば、家庭用洗剤や食品を製造している企業は、主婦が比較的テレビを見る夕方の時間で、なおかつ番組内容が主婦向けのものは何かを選んだ上で、お金を支払っていました。

しかし、スマートテレビが台頭すれば、広告主は①と②を切り離して考えて広告を出す必要が出てきます。

例えば、①「番組内容」で判断する場合は、経済ニュース番組はビジネスマンの視聴者が多い、時代劇はシニア層の視聴者が多い、アニメは子供の視聴者が多いといったように、番組内容に合わせて、お金を出すという形になります。

また、②「放送時間」で判断する場合は、平日の昼間は主婦の視聴者が多い、土日の昼間は男性の視聴者が多い、といったように、番組内容とは関係がなく、視聴者のライフスタイルから広告を見てもらえそうな時間を判断してお金を出すのです。

さて、問題は「いくら払えばいいのか」ということです。

今までは、テレビの視聴数が多い時間（ゴールデンタイム）に比例して、広告料金が高くなっていきました。

しかし、スマートテレビによって、番組がいつ見られるか分からないという状況になれば、価格はどのように変化していくのでしょうか？

一番良い例になるのは現在のユーチューブのような広告形態です。

ユーチューブには

①番組が始まる前の広告
②番組中に表示される広告

主にこの2種類の広告が存在します。

①は現在のテレビCMのように、数十秒の映像が流されており、利用者は最低5秒ほどはCMを見なければならないような設定になっています。

そして、②は番組が始まると、番組の画面上にバナー形式で表示されます。

例えば、番組が始まる前に表示される広告は「放送時間」に対してお金を支払った広告主の広告が流され、番組中には「番組内容」に対してお金を支払った広告主の広告が表示されるというような広告の住み分けができれば、シンプルに広告を管理することができるようになるでしょう。

そして、金額の決定については、「インターネット広告」のモデルが参考にされるでしょう。

従来のテレビ広告は、広告費の金額だけでなく、広告主とテレビ局の取引の歴史や、広告代理店側の戦略などが絡み合って、金額が決められています。

ですから、誰もがお金さえ支払えば広告を出せるということでもなく、広告を出したくても出せないということもありました。

また、従来は番組が一つ一つ順番に流されていったので、1日に一つのテレビ局が放送できる番組の合計時間は24時間という制限がありました。

しかし、「番組」にフォーカスが当たれば、テレビ局側は1日に番組を24時間分作らなくてもいいですし、24時間分以上作ることもできます。

となれば、ますます広告配信の管理が難しくなります。

こういった広告配信の管理をするには、インターネット広告のモデルを参考にして、極力自動的に処理されるようにしたほうが、効率が良いのです。

そして、インターネット広告のモデルが参考にされれば、「表示されたらお金を支払う」「クリックされたらお金を支払う」「商品が買われたらお金を支払う」という形で、成果が分かりやすくなります。

今までは「このテレビ番組はだいたい視聴率が○%だから、○人が見ていると考えられるので○○円です」という形で、予測を元に広告費が決められていましたが、インターネットの広告モデルは、より正確かつ、より詳細に効果が分かります。

となると、広告費の支払われ方も「成果報酬型」に移行します。

成果報酬型に移行すれば、大きな資本力を持つ企業だけでなく、中小企業なども広告出稿にチャレンジするモチベーションが上がりますので、広告主の数は増加するでしょう。

広告代理店がグーグル化する

スマートテレビによって「インターネット広告」のモデルがテレビ放送においても普及するようになれば、広告代理店は「グーグル」を目指すようになるでしょう。

インターネット検索エンジン最大手のグーグルの本業は、インターネットユーザーの検索に対しての広告の出稿や料金発生を管理する「広告代理店業務」です。

それでは、電通や博報堂といった広告代理店と、グーグルの違いは何かというと、**「人が中心なのかシステムが中心なのか」**というものです。

グーグルは基本的には、お金がありさえすれば、誰でも広告出稿することができます。広告主の歴史や持っている金額などは関係なく、企業も個人も平等に取り扱います。

しかし、テレビの広告代理店は、ある程度資本力のある企業が中心となります。

この違いが何をもたらすかというと、**スマートテレビによって「広告主を募集する営業マンが不要になる」**ということです。

実際グーグルには「インターネットで広告を出しませんか？」というような営業マンはほとんどいません。基本的に全世界から、広告を出したい企業や人が直接グーグルの広告システムに登録して、広告を出しています。

逆に、テレビの広告代理店は「広告を出しませんか？」とスポンサーめぐりをします。

もちろん、テレビに広告を出すには、映像を作らなければなりませんし、番組の中で宣伝するためのシナリオを作らなければならないので、誰でも簡単にいつでも広告が出せるわけではありません。

ですが、スマートテレビが出現して、たくさんの広告主が現れるようになれば、スポンサーの数は増えるので、広告主を探す営業マンたちは不要になるのです。

では、テレビの広告代理店はどうなるのか？　というと、グーグルがグーグルＥａｒｔｈやユーチューブやグーグルＭＡＰのようなシステムを開発し続けるように、「人をひきつける広告は何か？」ということを模索することになります。「結果が出る広告および戦略」の開発や研究に人員の８割以上を割くようになるでしょう。

テレビ側が作る番組表は生放送が中心になる

スマートテレビの登場により、テレビ局の番組表の形も変わります。

既にスマートテレビ先進国では「ライブ番組」「生放送番組」が増えています。

なぜかというと、**撮影後に編集された番組は、「結果が分かってしまう可能性が多くなる（ネタばれを引き起こす）」**からです。

スマートテレビによって「ソーシャル視聴」が加速されれば、一つの番組をインターネットを通じて多くの人が共有し、番組に対してのコメントや感想をツイッターのようなソーシャルメディアを活用して、述べ合うことができます。

コメントを述べる人の中には、クイズ番組の観客として参加していた人や、実際の製作に携わった人も含まれる可能性もあります。

そのように「既に結果を知っている人」が番組の方向や結果を伝えてしまえば、視聴者は「面白み」を失ってしまいます。

もし、タイムマシンで未来から誰かがやってきて、「このサッカーの試合は1対0でAチームが勝つよ」というようなことを言ってきたら、その番組を2時間かけて、最後まで見ようとは思わないでしょう。

つまり、現在進行中で、結果が分からないライブ番組のほうが、視聴者を何時間も番組に釘付けにすることができるのです。

さらに、ライブ番組は、結果が分からないがゆえに、視聴者が好きなことを考え、好きなように発言することができます。

例えば野球などで、「このピッチャーはこの打者に対して次はカーブを投げるだろう。なぜなら……」といった、居酒屋での野球中継を見る素人が語る、さも正解だといわんばかりの論理が展開されても盛り上がります。

結果としてピッチャーがストレートを投げて不正解だったとしても、場が盛り上がることのほうが多いのです。

コミュニケーションが活発になれば、たくさんの人に長時間にわたって、番組を見てもらうことができます。

長時間見てもらえれば、それだけ番組の広告主になる企業を集めやすくなり、広告費も高く取れるようになるのです。

つまり、テレビ放送側にとっては、高い取材費や制作費を支払って作った録画のクイズ番組がソーシャル視聴によってネタバレしてしまうよりも、結果の分からない生放送番組を増やした方がビジネスチャンスにつながりやすいのです。

芸能人、タレント、解説者が不要になる？

ソーシャル視聴によって、ライブ番組が増えることで、番組の演出も変わります。インターネットを通じて、視聴者が同じ番組を多くの人と会話をしながら見られるようになると、「現場に立ち会ったような環境」を手に入れます。

たった一人で映像だけを見ることと、友達と一緒に現場で見ることとの、一番の違いは「解説者がいない」ということです。

例えばせっかく友人と野球観戦をしているのに、その横で解説者がいたらどうでしょうか？

その解説者があなたの好きな人ならともかく、ほとんどの方にとって、解説者の話よりも友達との会話のほうが重要だと思います。となれば解説者の存在は邪魔にしかなりません。

しかも、あなたと友人が阪神タイガースのファンなのに、読売ジャイアンツのファンの解説者がジャイアンツに有利な解説を展開していれば、もはや「雑音」を通り越して、「迷惑」にしかならないでしょうし、全く野球を理解していないタレントが解説をしていたら、腹立たしい気持ちになることもあるでしょう。

もちろん、テレビ製作側で、セ・リーグ、パ・リーグの12球団すべてのファンに対応した解説者を用意したり、あなたの好きなタレント解説者を用意して、視聴者の好きな解説者の番組を見てもらうということもできますが、それには番組をいくつも用意する手間や、解説者のギャラなどがかかりますし、細分化する視聴者のニーズにすべて合わせることは不可能です。

つまり、テレビ製作側にとっては余計な解説者やタレントを立てず、映像を流し続けているだけの方がいいのです。

解説をつけたとしても、目の不自由な人のために、主観や感情を入れずに、状況を淡々と伝えるものや、耳の不自由な人のために、手話や字幕を入れるぐらいで済ませればいいのです。

むしろ、解説者や余計なゲストを増やすよりも、生放送をいろんな角度から収録する「テレビカメラ」を増やして、好きなアングルから視聴者が見られるような工夫をしたほうが、視聴者は喜ぶでしょう。

今までは、例えば野球であれば、視聴者の野球への関心が少なくなっていることを危惧したテレビ局側が、番組を少しでも多く見てもらうために、お金のかかる有名なゲストや、野球を少し知っているぐらいのアイドルなどを呼んでいました。

しかし、視聴者が主人公になれば、それらの人々は必要なくなります。

もちろん、あまり視聴者が見込めないようなマイナーなテーマの番組などは、熱狂的に支持され、愛されるタレントや解説者を用意することで、視聴者を増やすことができるでしょう。

ですが、ソーシャル視聴によって、野球やサッカーや相撲といった人気スポーツで、今まで中継映像に出演することで生計を立てていた人たちは仕事を変える必要も出てくるのです。

テレビ番組制作会社の規模も縮小する

スマートテレビが変えるのは、テレビに出演する有名人だけではありません。テレビ番組制作会社の規模も縮小させます。その一つが「編集」です。

実際に現地に行ってスポーツ観戦をしている人にとって、競技の休憩中の時間は、単に独りでトイレに行ったり、お菓子を買ったりという時間ではありません。友人たちとそれまでの進行を振り返ったり、関連する話や全く関係ない個人的な話なども含めた、コミュニケーションを集中的に取りやすい時間でもあります。

つまり、視聴者のために良かれと思って行う編集作業が、視聴者にとっては不必要なものになることも出てくるのです。

さらに、視聴者が好きな番組を好きな時間から見られるようになれば、たとえライブ中に映像が見られなかったとしても、後で自分で好きな場面を好きなだけ再生することができます。

これが意味するのは「ダイジェスト番組」のニーズが減るということです。ある種、従来テレビ製作側が行っていた編集作業を、視聴者自らが行うようになるのです。

となれば、番組制作局は今まで抱えていた編集スタッフがそれほど必要ではなくなります。それよりは、機材の補充や、番組をたくさんの人に見てもらうための宣伝活動をしなければならなくなり、人員の変更・整理が行われます。

基本的に機材は一度揃えれば、後はコンピュータシステムをうまく使うことで一元管理できますし、宣伝活動もインターネットを活用すればいいので、本当に優秀で実力のある人が数人いれば、運営ができてしまいます。

つまり、テレビ番組制作会社の規模は縮小するのです。

第３章

スマートテレビ革命で変わるライフスタイル

「みんなの判断」を見てから自分の見たい番組を探す

現在のテレビ視聴は、特に見たい番組や録画した番組を見る以外は、

①テレビを付け、リモコンでチャンネルを変えながら、面白そうな番組を探す

②新聞のテレビ欄やテレビ自体のテレビ番組表機能を見て、面白そうな番組を探す

③とりあえずテレビをつけた時に映し出された番組を見続ける

いずれかを選択することになると思います。

そして、特に面白い番組が無ければ、録画したドラマを見たり、レンタルビデオを見たりするでしょう。

実はスマートテレビでも、「今放送している番組」→「自分の見たい番組」という導線は変わりません。

それでは何が大きく変わってくるかというと、**「今放送している番組で何を選ぶか**

を決める基準」です。

スマートテレビによって、ソーシャル視聴の文化が出来上がると、今までは「自分が面白そうだと思った番組」が選ばれていたのに対し、「今、何人の人が見ています」「あなたと友達の○○さんや○○さんが見ています」というように、「社会の判断」が重要になってきます。

あなたが、ソーシャルネットワークサービスのフェイスブックを使っていれば分かるかもしれませんが、最近のホームページは、「フェイスブックの連携機能」を活用して、

「あなたの友達の○○さんをはじめ○人の人が〝いいね〟と言っています」

というような表示をするようになってきました。

そして、そのコンテンツに賛同する人の数が多ければ多いほど、利用者は信頼感を

感じます。

つまり、今までは自分の判断重視でしたが、ソーシャル視聴によって「社会の判断」が加味されてくるのです。

同じようにスマートテレビも「誰が」「何人が」見ているのかということが分かるデータが連携されるようになります。


この機能によるメリットは、「テレビの話題を共有しやすくなる」ということです。

特に学校や、習い事教室や、よく会う仲間内の食事会といった、「テレビの話題」で盛り上がる環境がある人にとっては、たくさんの人が見ている番組を見れば、話をするきっかけを作りやすいですし、盛り上がります。

さらに、「誰が」見ているのかが分かれば、オンラインチャットなどで、同じ場所にいなくてもリアルタイムで会話しながら同じテレビ番組を見て、盛り上がることができ、テレビの面白さが増加するのです。

逆にデメリットとしては、「視聴数が多い番組に人が集まりやすくなる」ということです。人間は「ランキング」があると、上位にあるものは「良いものだ」と勝手に判断します。

例えばインターネット検索でも、自分の知りたいキーワードで一番上位に表示されるホームページを多くの人が、良いと判断しやすいのです。

今までは「何人が見ているか?」ということはリアルタイムでは分かりませんでした。後日の情報番組で「先週の水曜日の〇〇という番組は視聴率が〇%でした」という感じで、公表され、その指標を見て視聴者は「視聴率が高いなら、今度、見てみようかな」と思う程度でした。

スマートテレビはそのあたりの数字がすぐに分かるため、視聴者も「今、見よう」ということで、行動を起こしやすくなります。

これにより、「視聴者数の偏り」が出てきます。

今までは、テレビをつけっ放しにする視聴スタイルによって、面白い番組もそうでない番組も、それぞれ均等に分散していた視聴者が、どこかの番組に一極集中することもあります。

テレビ局側からすると視聴者数が分かることは死活問題に直結しますが、視聴者にとっては「共通の話題」で盛り上がれるための、貴重な機能になるのです。

そして、視聴者の大半が、「みんなが見ている番組」を見て、面白いと思えば見続け、面白くないと思えば、他の放送中の番組を見て、それでも面白いものが無ければ、「自分の見たい番組」を番組の図書館（ライブラリー）のような場所から探すのです。

実はこのような視聴の流れは既にインターネット放送サービスの「ＵＳＴＲＥＡＭ（ユーストリーム）」で実現されています。

ＵＳＴＲＥＡＭの利用者は、まずＵＳＴＲＥＡＭで現在配信されている「生放送番組」の中で自分の見たいものを探します。

そしてその後、「最近のハイライト」という直近に配信された番組の中で見たいものを探し、それで面白いものが無ければ、NHKやWOWOWといった番組制作チャンネルを探し、それでも面白いものが無ければ、自分の見たい番組のキーワードを検索して、該当する番組を見ていくのです。

USTREAMを見ると分かるのですが、基本的には「視聴者数が多いもの」から順番に表示されるようになっています。

そのおかげで、上位に表示される番組と下位に表示される番組では、視聴者の数の差は10倍どころではなく、100倍や1000倍以上の差がつくこともあるのです。

USTREAMはスマートテレビ到来後のライフスタイルの変化を考える上で、最も分かりやすいサンプルになります。

テレビの時間がイベント時間

スマートテレビによってソーシャル視聴が活発になり、ライブ番組が増えるようになると、視聴者にとってのテレビの時間は単に「一人で見て聴いて楽しむ時間」ではなく、「みんなで楽しむ時間」に変化します。

インターネットにより、日本全国、場合によっては世界どこにいても、番組の内容についてリアルタイムでコメントを発信し合い、共有し合うことができます。

今は離れた別の場所に住んでいても、子供の頃、一緒に野球やサッカーや音楽ライブを見に行った友達とテレビ画面を通じて盛り上がることもできますし、全く新しい人々との出会いの場にもなる可能性があります。

となれば、テレビの時間は、複数の人々と楽しむ「イベント」や「パーティー」のような時間になります。

この新しい楽しみを視聴者が手に入れることで、今までよりも多くの人にテレビ放送を見せることもできますし、テレビ番組を心待ちにする人も増えるのです。

家族の視聴スタイルの変化

ここまでは「テレビを一人で見る」という人に焦点を当てましたが、スマートテレビは家族での視聴スタイルにも影響を与えます。

特にアップルＴＶのような、テレビだけでなく、「ｉＰｈｏｎｅ」や「ｉＰａｄ」といった他の端末も利用する「二画面視聴」は家族の絆を強めるメリットがあります。

従来のテレビ視聴の場合、発言権の強い人、例えば一家の主である父親が決めた番組をみんなで見るようなものでした。

子供の年齢が低く少人数の家族の場合は楽しむことはできますが、子供が大きくなり自主性を持ち始めると、家族がそれぞれの部屋にテレビを持ち、好きな番組を見るようになるため、家族でのコミュニケーションを取る機会は徐々に減るものでした。

しかし、二画面視聴は、一つのテレビがついていても、家族それぞれの持つ携帯端末でそれぞれの興味を持つ関連情報を調べたり、閲覧することができます。

例えば、家族で一つのドラマを見ていても、父親はそのドラマの舞台となる場所の旅行情報や宿情報を見たり、母親はそのドラマに出てくる役者の着ている服やアクセサリーの買い物情報をチェックしたり、子供はそのドラマを見ている友人とツイッターでコメントをし合ったりと、それぞれが自分の楽しみ方を実現することができます。

一番のメリットは「一つの場所に家族を集められる」ということです。

一つの場所にいれば、ちょっとした休憩時間に家族でお互いの調べた情報を共有し合ったりすることもできますし、何かしらのコミュニケーションをしやすい環境が出来上がります。

テレビが生まれた昭和初期の頃の「家族みんなで揃って一つのテレビ番組を見る」という一家団欒のスタイルが、スマートテレビによって新たな形で実現するのです。

突然現れるスマートテレビスター

「ソーシャル視聴」の「ソーシャル」という言葉に表れるように、テレビ放送を見る多数の人の顔が見えると「社会」が形成されていきます。

社会が形成されると、そこには突然のように無名だった一般人が脚光を浴びる機会が増えます。

これはソーシャルメディアの「ツイッター」や「フェイスブック」で既に実現しています。

ツイッターやフェイスブックで注目を集めるのは、有名人や有名企業だけではありません。
実はランキングサイトなどを活用して、ソーシャルメディアで支持者や支持率の高い人や企業を検索していくと、かなりの確率で無名の個人や小さな店舗が上位にいるのです。

上位にランクインしている無名の人や企業は大きく二つに分かれます。
①高い専門性や独自の切り口を持った面白い情報を提供している
②ソーシャルメディア上でつながっている友達と、双方向のコミュニケーションを丁寧に続けている

①も②も有名人や有名企業ではなかなか難しいことです。
通常、有名になればなるほど、発言には注意しなければいけません。
特に自分の支持者や関係者が増えれば増えるほど、オブラートに包んだような婉曲

な言い回しが必要になります。

しかし、全く無名の人や、関係者が少ない人は、それらに縛られず、自分の意見を自由に展開できます。

人は婉曲な言い回しよりも、ズバっと本質を突いた一言に共感を覚えます。

ソーシャルメディアは、「リツイート」や「シェア」と呼ばれる、共感が共感を呼ぶような機能が設けられていますので、無名の人のちょっとした一言でも、大きな影響を生むのです。

また、人も企業も通常は有名になればなるほど、忙しくなります。

となると、日々ソーシャルメディア上でつながっている人たちと双方向のコミュニケーションを取り合うことは難しくなります。

しかし、無名の人や企業であっても、ソーシャルメディア上で上手に双方向のコミュニケーションを多数の人と取ることができる人は、多くの支持を集めることができます。

例えば、フェイスブックでは全く無名の主婦が「おはようございます」というコメントを書き込んだだけで、100人を超える人からそのコメントに対しての返事をもらうことがあります。

これはその主婦が、普段から家事の間の隙間時間を使って、上手に双方向間のコミュニケーションを行っているからです。

スマートテレビによって、今までお互いを知ることがなかった視聴者同士の顔が見え、お互いにコミュニケーションを取り合うことができるようになれば、ツイッターやフェイスブックで登場したような「無名のスター」が次々に登場するようになるでしょう。

例えば、事故のニュースが放送されたときに、その現場でその状況をテレビアナウンサーよりも克明に書き込むことができる人、原子力や遺伝子といった高度な専門性が必要な事件やニュースに対して、的確なアドバイスを書き込める人、歌手のライブなどで、その歌手やライブの裏話が書き込める人などは、一瞬にして数万～数百万人規模の注目を集めることができます。

今まで、テレビ製作側で発掘できなかったスターがたくさん世の中に出る可能性があるのです。

台頭するゲリラ広告主

スマートテレビはテレビ番組の広告主だけでなく、視聴者自身にとっても、多数の視聴者に対して広告を出したり、自分のことをＰＲできる機会が生まれます。

例えば、前述のようにスマートテレビが普及すれば、今まで漠然としていた「視聴率」ではなく、「何人見たのか、誰が見たのか、いつ見たのか」といった情報までが分かるようになります。

このように詳細な視聴情報が得られるようになれば、広告費が「成果報酬」によって支払われるような可能性が高くなります。

その成果報酬が実現した場合は、「1クリックいくら」「何人が見たらいくら」「買われたらいくら」というような感じとなり、それはオークション形式で決まるでしょう。

となれば、人気番組の場合はもちろん、広告主が支払わなければならない広告費は高くなります。しかし逆に「不人気番組」の場合、広告費は非常に安くなります。

大企業はたくさんの従業員を養うため、たくさんの製品を作るために人気番組にお金を投じるほうが効果的です。

しかし個人や零細企業にとっては、あえて不人気番組を選ぶことで、格安で広告出稿ができてしまいます。

もともと小さな規模のビジネスマンにとっては、大企業のようなたくさんの収益は必要ありません。その1000分の1でも、1000分の1でも、売上が立てば十分食べていくことができます。

つまり、スマートテレビを利用した小規模のゲリラ的な広告主が登場する可能性は非常に高いのです。そしてそれは、「視聴者」から生まれます。

視聴者が番組を見ていて、

（あれ？　この番組はそれほど面白くないけど、この番組の視聴者は私のサービスを欲しがるかもしれない）

というひらめきがあれば、その数時間後には広告出稿が完了しているという可能性が高いのです。

現にインターネットのグーグルやフェイスブックにおいては、ほんの数時間の手間と審査で広告を出すことができます。

同じようにスマートテレビにおいては、今まで大資本を持つ企業だけに独占されていた広告が、一般視聴者にも気軽に使えるものになるのです。

第4章

日本のスマートテレビ

「規制」が普及遅れの鍵

「日本はスマートテレビで出遅れているのではないか?」

ここまで読んでくださったあなたはこのように思うかもしれません。

実際、アメリカや韓国に比べ、日本は「スマートテレビ」という言葉自体も知られていませんし、スマートテレビ自体も普及していません。

では何がスマートテレビの普及を遅らせているのかというと**「規制」**なのです。

実は日本のテレビ局は、各社でそれぞれスマートテレビに対しての研究を進めており、スマートテレビを不可避のものと考え、どうしたらスマートテレビを有効活用できるかを模索しています。

実際に日本の地上派テレビ局に取材を行ったところ、彼らが神経を尖らせているのは**「テレビの画面をコントロールできないこと」**でした。

実は私たち一般視聴者が思っている以上に、テレビ局が放送する番組やCMはたくさんの規制を経た上で作られています。

テレビは基本的に小さな子供からお年寄りまで、様々な人がいつでも視聴が可能です。

そのために、内容に差別的な表現が含まれていないか、犯罪を助長するような暴力的な表現が含まれていないか、倫理・道徳に反していないか、といった視聴者に対しての基本的な規制があることについては、あなたも想像がしやすいと思います。

しかし、テレビにはまだまだ関係者がいます。

一つは広告主と広告代理店です。

受信料収入のあるNHKは別として、広告収入で運営がまかなわれている民放テレビ局の場合は、広告主の利益に反することや、広告主を集めてくる広告代理店の戦略に従わないことをすれば、即経営が成り立たなくなってしまいます。

ですから、彼らが設定する規制もクリアしなければなりません。

そして、民放テレビ局は民間の企業であり、株式市場に上場しています。

つまり「株主」がいるのです。

特に、ある程度の株式をまとまって保有している株主の意向は尊重しなければなりません。

さらに、テレビ局の少ない日本では、一つの番組を見ている視聴者数は非常に多く、NHK以外の民放テレビ局の「公共性」は非常に高いのです。

例えば、大規模な事故や災害が起きた際に、勝手に放送をしてしまえば、多数の視聴者がそれによってパニックを起こすこともあります。

ですから、国や政府からも規制を受けています。

「視聴者」「スポンサー」「株主」「国家」。このように様々な関係者からの規制をクリアした放送をテレビ局は流しているのです。

そのテレビ局にとって、スマートテレビのテレビ画面は「規制」がしきれないものです。

テレビ局の放送だけでなく、スマートテレビに盛り込まれたアプリケーションや、インターネット上の様々な情報が同時に表示されるのです。

例えばテレビ局側には全く落ち度が無いのに、ＯＳやアプリケーションが不具合を起こして、テレビが一時見られなくなった場合、そのことに腹を立てた視聴者は、テレビ局にクレームをつける可能性があります。

また、見られなくなるだけでなく、昔アニメーションの放送中に画面のまばゆい光で、子供やお年寄りが身体的・精神的なショックを受けてしまったような、「事故」につながった場合、その際の損害賠償などの重大なクレームに関してもテレビ局側に寄せられる可能性があります。

また、大規模な災害が起きたときに、その様子を放送していた際に、愉快犯の起こす「デマ」がテレビ画面上に表示されることで、パニックを起こし、社会的な損失が起こる可能性もあります。

「このような問題は、視聴者側の問題だからテレビ局は気にする必要はないのではないか？」

と思われるかもしれませんが、一度にたくさんの視聴者に番組を提供するテレビ局は、たとえクレームをつける人が１０００人に一人であったとしても、一度に何百〜何千人の対応をしなければならない事態が起きうるのです。

規制によってコントロールされていた「大きな影響力」が制御できないことは、テレビ局にとって大きなリスクなのです。

ビジネスモデルが変わる恐怖

スマートテレビの普及を遅らせる要因となる「規制」ですが、テレビ局にとってはデメリットだけでなくメリットも提供していました。

それが**「規制によって守られてきた」**ということです。

テレビ業界は「最後の護送船団」とも言われるほど、たくさんの関係者によってそのビジネスモデルが守られてきました。

しかし、スマートテレビは明らかに今までのビジネスモデルを大きく覆してしまいます。

第2章でお伝えしたように、テレビ番組の内容自体もさることながら、収益モデルも変えてしまいます。

音楽業界の例のように、業界全体の収益が減少するというようなことが起これば、テレビ局も広告代理店もテレビ製作会社もテレビに出るタレントを輩出する芸能プロダクションも、それぞれ整理縮小が求められることになります。

つまり、スマートテレビによって、既存のテレビ業界側としては「リストラ」をしなければならない可能性が高いですし、人員削減をしなかったとしても、経費や給料の削減があるでしょう。

もし、今の給料水準より下がるかもしれない、退職しなければならないかもしれないという状況に追い込まれるとしたらどうでしょうか?

ほぼ8割以上の人が、何かしらの抵抗を感じるでしょうし、起きて欲しくないと思うでしょう。

この**「既得権益を失ってしまうかもしれない」**ということも、日本のスマートテレビ普及を遅らせる原因でもあるのです。

テレビ業界と電機メーカーのせめぎあい

スマートテレビという概念が、テレビ業界からではなく、「電機メーカー」から生まれたように、電機メーカーとしては「今まで稼げなかったテレビで稼ぎたい」という意識があります。

その意識の芽生えによって、電機メーカーは今まで自分たちが手を出せなかった「テレビの画面の中」に力を及ぼすことができると分かっています。

今までは、テレビの画面の中に手が出せなかったからこそ、電機メーカー自体がテレビ番組のスポンサーとなって広告費を出していました。

しかし、スマートテレビによって「テレビの電源を入れた瞬間」や「テレビ放送中」に電機メーカーは自社の広告を入れることも可能です。

となれば、電機メーカーはテレビ番組のスポンサーになる必要はなくなっていきます。

むしろテレビ番組に支払っていた広告費を全部削って、テレビを1円とか100円ぐらいで売ってしまって、「スマートテレビのばら撒き」を行ったほうが電機メーカーにとっては収益増をもたらす可能性があるのです。

実はこれは既に携帯電話やスマートフォンの業界でずっと起きていることです。月額の通話料で稼ぐことができるため、通常であれば、5万～10万円するような端末を無料で提供することもあるのです。

一般視聴者にとっては、高性能なテレビが安く手に入るのは非常に魅力的です。電機メーカーにとっても収益増をもたらす可能性があるのは魅力的です。

だからといって、もし電機メーカーが談合して、一斉にテレビの広告をやめて、スマートテレビを格安で販売し始めたとしたら。

テレビ業界としては大打撃ですし、何とかそれを阻止したいと考えるでしょう。

ご存知の通り、テレビ業界の賃金は他の業界よりも高い水準にあります。芸能人が何億円も稼いでいるのも、テレビ業界がそれだけの収益を生み出しているからに他なりません。

つまり、電機メーカーの動きに対して、テレビ業界側は資金力、それから影響力の強い「放送の力」を通じて対抗することができますし、国も交えて裁判のような形もできるかもしれません。

となれば、電機メーカーとしても余計なコストを伴ってしまいます。
だからこそ、電機メーカーとしても一気にスマートテレビ普及に動くことはできないのです。

日本人の国民性が普及を遅らせる

スマートテレビの普及が遅れているのは、テレビ業界・電機メーカーだけの問題ではありません。

実は私たち視聴者にも問題があるのです。

日本人は世界の中でも**「ものを大事に使う国民」**として知られています。

環境分野で世界初のノーベル平和賞を受賞したケニアのワンガリ・マータイ氏が「もったいない（ＭＯＴＴＡＩＮＡＩ）」という言葉を、今後の環境保護のためのキーワードとして世界に提唱したように、基本的に日本人はものを長く使います。

実際、テレビの耐用年数は「５年」とされていますが、５年ごとにテレビを買い替えるような家庭は非常に少なく、10年以上使い続ける人も多いです。

そのような中で、２０１１年の地上デジタル放送への移行に伴い、多くの人がテレビの買い替えを行いました。さらにその後、「3Dテレビ」の登場によって、新しモノ好きな消費者も新たにテレビを購入しました。

その上で、「スマートテレビを買いませんか？」と言われても、おそらくほとんどの人が買い替えを考えることはないでしょう。

つまり、テレビ業界や電機メーカー業界が一気にスマートテレビに向けて歩みだしたとしても、そのサービスを受ける視聴者自身が、その歩みについていくことができないのです。

基本的に、多くの視聴者が「テレビは見るだけのもの」と考えており、ショッピングや情報検索はパソコンや携帯電話やスマートフォンで行えばいいという価値観を持っています。

ですので、ソーシャル視聴の素晴らしさや、ショッピングの手軽さなどをＰＲしても、買い替えをするモチベーションにはつながりません。

日本に本格的なスマートテレビの普及が訪れるのは、次のテレビの買い替え時期が来る、5年後以降になると考えられます。

それまでは、スマートテレビを使うのは「一部の新しモノ好き」となるでしょう。

じわじわ力をつける電機メーカー

日本のスマートテレビの普及にはまだまだ時間がかかると思われますが、スマートテレビによる収益増を実現したい電機メーカーは、実は既に動き出しているのです。

第1章でもお伝えしましたが、日本の電機メーカーであるソニーはいち早く「グーグルTV」の製作を始め、アメリカで売り出していますし、パナソニックもスマートテレビを販売しています。

日本のスマートテレビ普及にある程度の時間がかかることを見越して、先にスマートテレビが普及しやすい土壌ができている海外市場で売り出し、市場のニーズを掴むとともに、ビジネスモデルをどのように構築すれば良いかのノウハウを貯めているのです。

さらに、電機メーカーはテレビ業界の動きとは歩調を合わせず、日本国内市場においても少しずつ、テレビのスマート化に力を注いでいます。

例えばパナソニックでは、以前から、薄型テレビである「スマートビエラ」や、ブルーレイ／DVDレコーダーの「ディーガ」において、ビエラやディーガで録画した番組や、インターネット経由でダウンロードしたアプリケーションや動画などを「お部屋ジャンプリンク」という名称で、DLNAという規格に基づいたネットワークを活用し、他の部屋にあるビエラや、パナソニック製のスマートフォンでも再生することができるようにしており、日本に適応したスマートテレビのあり方を研究し続けています。

また、後述しますが民放5局（日本テレビ・テレビ朝日・TBS・テレビ東京・フジテレビ）による「見逃し配信サービス」にも対応しており、いつでも見たい番組を見ることができます。

さらに、家庭用ゲーム機である「プレイステーション」を製造するソニーや、「Xbox360」を製造するマイクロソフトも、テレビとの融合を果たそうとしています。

特にマイクロソフトの「Xbox Smart Glass（スマートグラス）」はマイクロソフトのスマートフォンである「Windows Phone」やOSのWindowsを搭載するタブレット端末のみならず、アップルやグーグルのOSを搭載したスマートフォンやタブレットなどとも、ソフトをダウンロードすれば連携させることができるという工夫をしており、独自の進化を遂げています。

今後、数年間はパナソニックの動きのように、各電機メーカーはスマートテレビよりも買い替えのしやすい「スマートフォン」を基点にファンを集め、少しずつスマートフォンとテレビの連携を強化しながら、国内でのスマートテレビの普及を進めていくと思われます。

テレビ業界のスマート化「もっとTV」

世界で「スマートテレビ」というキーワードが使われ、電機メーカーも徐々にスマートテレビを打ち出していく中で、テレビ業界も少しずつですが、スマートテレビへの移行の準備を始めています。

その一つが、「もっとTV（テレビ）」という番組のVODサービスです。

「VOD」とは「Video On Demand（ビデオオンデマンド）」の略で、視聴者が見たいときに見たい番組を見ることができるサービスです。

日本テレビ、テレビ朝日、TBS、テレビ東京、フジテレビの日本の大手民放5局が中心となり、ドラマ・アニメ・バラエティなど様々なジャンルの番組を、好きなときに視聴することができます。

実は既に2008年の12月に、NHKは「NHKオンデマンド」というVODサービスを提供しており、既にスマートフォンやタブレットPCへの連携も実現していました。

実は他にも「アクトビラ」や「ひかりTV」といったVODサービスは既にあり、それらに民放5局からは番組が提供されていました。

それでは「もっとTV」は何が違うのかというと、それまでVODサービス提供会社の依頼を受けて、テレビ番組を提供していたテレビ局側が、自分たちから主体的に番組を発信する姿勢になったところです。

さらに、「もっとTV」は、リアルタイムで配信されているテレビ番組との連動も強化されます。

もともと視聴者の「テレビ離れ」を危惧したテレビ局側が、テレビを見てくれる視聴者を増やすために「もっとＴＶ」は作られました。

例えば、リアルタイムでドラマの10話を見ていた人が、前述のスマートビエラなどのリモコンの「もっとＴＶ」ボタンを押して、「もっとＴＶ」に接続すれば、１話から９話までの放送を見直すこともできますし、そのドラマに関連する番組なども見ることができます。

また、ＮＨＫオンデマンドのほうがサービスとしては洗練されていますが、今後「もっとＴＶ」を利用する視聴者が増えれば、「テレビは見るだけのもの」から「テレビは見たい番組を探すもの」と考える人が増え、スマートテレビを受け入れる土壌がさらに浸透するでしょう。

ソーシャル視聴の「ＪｏｉｎＴＶ」

「もっとＴＶ」によるオンデマンド視聴の普及だけでなく、ソーシャル視聴についてもテレビ局側からの実験・検証が始まっています。

その代表格が日本テレビが展開する「ＪｏｉｎＴＶ（ジョインティービー）」です。「ＪｏｉｎＴＶ」はテレビ番組とソーシャルメディアの「フェイスブック」が連動したサービスです。

どのような機能があるかというと、

①自分と同じ番組を見ているフェイスブック上の友達が分かる。

②気になったシーンで「いいね」を押すと、同じ番組を見ている友達にもそれが通知される。

③気になったシーンで「いいね」を押すと、自分のフェイスブック上の近況にどの場面が気になったのかということが表示され、フェイスブック上の友達にシェア

される。
④番組の中のプレゼントを応募する際、フェイスブックに登録された情報がそのままテレビ局側に送られ、応募方法の詳細や結果などはフェイスブックに登録されたメールアドレスに通知される。

このように、テレビ番組をフェイスブック上の友達と共有することができます。「ＪｏｉｎＴＶ」はテレビ局にとって、ソーシャル視聴がどれくらい視聴者をテレビに熱中させることができるのかということを実験する意味でも、視聴者をどのようにテレビ番組に参加させていけばいいのかということを検証する意味でも、注目されるサービスです。

日本のスマートテレビ普及は２０２０年

規制、既得権益、視聴者の意向など、様々な問題を抱えていますが、「もっとＴ

V」や「JoinTV」のように少しずつですが、日本の「スマートテレビ向けコンテンツ」の普及は始まっています。

とはいえ、まだまだ日本のスマートテレビの普及には10年ほどの歳月が必要です。2020年ごろには、消費者のテレビの買い替えもあり、本格的な日本のスマートテレビ普及が実現できているでしょう。

現在、日本のインターネット人口は9000万人を超え、国民の8割が何らかの形でインターネットに触れるようになり、生活の一部となりました。

しかし、1997年の時点では1000万人ほどしかいなく、5年後の2002年にようやく国民の半分が使うようになったのです。

日本でスマートテレビを保有している人はまだまだ少ないです。

インターネットの普及例を見ても、スマートテレビを持っている家庭が8割を超えるには、まだまだ時間がかかりそうです。

第5章

スマートテレビ時代を勝ち抜くビジネス戦略（個人編）

素人が有名人になれる

ご存知のように、テレビは一度に何百万人もの人に影響を与えることができる最大のメディアです。

新聞や雑誌、書籍やラジオでもかないません。

右肩上がりの成長を続けるインターネットですら、一度に見てもらえる最大の人数は数万人が関の山ですので、視聴率が10%や20%をたたき出すテレビ番組は少なくとも1000万人以上が見る可能性があるわけですから、その影響力は計り知れません。

現に、テレビ番組の小さなコーナーで1分ほど紹介されるだけでも、問い合わせが殺到したり、取材や出版のオファーが来たり、翌日には行列ができるということはよくある話です。

ですから、「テレビに出てみたい！」と考える人は非常に多いのですとはいえ、従来のテレビでは、素人がテレビに出るというのは大変なものでした。基本的にテレビの世界は「人」が中心です。多少の実力がある人であっても、テレビ局にコネクションのある人のほうが優先的に選ばれやすい環境にありました。

しかし、スマートテレビが普及し、「ソーシャル視聴」の文化が広がり始めれば、個人がテレビの影響力を用いることができるようになります。

例えば、２０１１年の東日本大震災の際に起きた、原子力発電所の事故のときなどは、多くの人が専門家の話を聞きたかったでしょうし、海外の紛争などが起きた場合は、現地に住んでいる邦人から詳しい話が聞きたいはずでしょう。

つまり、テレビの放送内容を「より正確に理解したい」「より詳しく知りたい」という人は多いのです。

もしテレビに出演している解説者やコメンテーターよりも、正確かつ詳しい情報を持っている人が、テレビ番組と連動したツイッターのようなコメントシステムで投稿ができれば、その人に注目が集まるでしょう。

すなわち、ソーシャル視聴文化においては、テレビの放送内容をより深く知りたい、より楽しみたいと思う視聴者に対して、関連した情報を提供できる個人がテレビ番組に出演しなくてもテレビの影響力を活用できるのです。

好きな分野でオタクになる

個人がソーシャル視聴でテレビの影響力を活用するために一番手っ取り早い方法は、自分の好きな分野の専門知識を深めていくということです。

何十人もいる女性アイドルグループのたった一人について非常に詳しかったり、アニメーションの声優の一人について詳しいというような、本当にオタク的なものでも構いませんし、とある地方のとある場所の釣りのスポットに非常に詳しいということでも構いません。遺伝子やバイオテクノロジーといったアカデミックなものでも構わないのです。

とにかく自分の好きなこと、好きな分野についての知識を日々深めます。

なぜ、このようにしておくのがいいかというと、昨今のテレビ番組は視聴者を少しでも増やすために人気アイドルや芸人を、様々な場面で起用しています。

例えば、特に大学も出ていない、専門性も無いお笑い芸人やタレントが、ニュース番組の司会者やコメンテーターになっているのも、彼らのファンにテレビを見てもらうためです。

しかし、テレビ番組の視聴者は非常に多いですから、すべての視聴者がその司会者やコメンテーターのファンというわけではありません。

もっと詳しい話を聞きたい、もっと正確なことを知りたいと思っている視聴者も多いのです。

もちろん、毎日のように自分の専門性が生かされるというわけではありませんが、事前にテレビ番組表で自分の専門性が生かせそうな番組をチェックしておけば、必要な時だけ、効率的に注目を集めることができるのです。

こつこつ「ファン」を作る

専門性を高めなくても、ソーシャル視聴での自分の発言に影響力を持たせることができます。

それは既にソーシャルメディアのツイッターやフェイスブックで起きていることです。別に何も専門性を持たない学生や主婦であるにもかかわらず、その発言に数百人の反応が返ってくる人がいます。

そういう人たちは専門性が無いぶん、「顔が可愛い・美人だから」ということではありません。実は日々、「地道」に自分のファンを増やし続けた人たちなのです。

そういう人はツイッターやフェイスブックを一日中活用していて、自分とつながりを持った人たちの発言に対しても積極的に反応を返しています。

考えようによっては、日々たくさんの人とコミュニケーションを取るというのは非常に面倒くさいことです。

しかし、「ソーシャル＝社会」というだけあって、人間社会を見てみれば分かりやすいのですが、専門性が高くても、高慢で上から目線のコミュニケーションを取り、人付き合いが悪い人よりも、同じ目線で普段から気軽に挨拶をしてくれる人のほうが、応援しやすいでしょう。

もちろん、普段から専門性を高めて、なおかつ普段からこつこつとコミュニケーションを続けることができる人は、ソーシャル視聴によって、大きな影響力を持ちます。

とはいえ、人間には1日24時間しかありません。

その中では、自分の性格・性質を考え、効果的な時間の使い方をする必要があるのです。

ちなみに、専門性を高めれば、出番は少ないですが、一度の多くの注目を集めることができます。

普段からファン作りをしていけば、一度に集まる注目は多くありませんが、毎日のように注目を集めることができます。

このあたりを踏まえて、ソーシャル視聴での自分の発言スタイルを考えるといいでしょう。

USTREAMでコメントの仕方を学ぶ

スマートテレビが普及し、放送内容と視聴者のコメントが一つの画面上で展開されるようになった場合を想定するにあたり、現在存在するサービスのうち、もっとも近いサービスがインターネットの生放送サービスの「USRREAM（ユーストリーム）」です。

ＵＳＴＲＥＡＭは２００７年に始まった生放送中心の動画共有サービスであり、視聴者からのコメント投稿機能や、投票機能を備えています。

既にＵＳＴＲＥＡＭでは、テレビ局をはじめ、多くの企業や個人が自分のチャンネルを持ち、番組を放送しています。

同じように誰でも生放送ができるインターネットサービスには、動画サービスの最大手の「ユーチューブ」が提供する「ユーチューブＬｉｖｅ（ユーチューブライブ）」や、日本の「ニコニコ動画」が提供する「ニコニコ生放送」といったサービスが存在します。

しかし、スマートテレビが普及したときのことを考えると、もっとも参考になるのはＵＳＴＲＥＡＭです。

なぜＵＳＴＲＥＡＭが秀でているかというと、「フェイスブック」の会員情報の連携ができるからです。

フェイスブックは従来のインターネット特有の「匿名性」をできる限り無くそうとしているサービスです。

従来はインターネット掲示板の「2ちゃんねる」のように、発言をする人はどこの誰だか分からないという状況がほとんどでした。「2ちゃんねる」を見れば分かるのですが、基本的には「顔が分からない」と人間はそれを利用して、通常のコミュニケーションでは絶対に使わないような暴力的で、直情的な表現をしやすくなります。

フェイスブックは、顔・名前・出身地・居住地・学歴・職歴・電話番号というような住民基本台帳とも言えるような詳細な個人情報の登録がされるようにできたサービスのため、非常に匿名性が低いのです。

匿名性が低いということは、誰がどんなことを言っているかという「顔が分かる」サービスです。そうなると人は日常のコミュニケーションに近い表現をします。

つまり、多少気に障るようなことがあっても、極力オブラートに包んだ表現をするか、無視をして、見ないふりをするのです。

今まで「規制」に縛られてきたテレビ局にとっては、たくさんの視聴者がいる番組の放送中に、卑猥な言葉や暴力的な言葉がコメント欄に飛び交うようなことは絶対に起こしたくないことです。

そういう意味ではスマートテレビにおいてコメントができる人はフェイスブックのように、「身元がしっかり分かっている人」に限定される可能性が高いのです。

実際、2ちゃんねるの文化を引き継いだ「ニコニコ動画」は匿名性が高いので、ニコニコ生放送においても、差別的な表現や直情的な表現というのは多数投稿されています。

また、「ユーチューブLｉｖｅ」はグーグルが運営するサービスではありますが、グーグルはフェイスブックのように、サービスに登録できるアカウントは一人一つという成り立ちをしていません。

一人のユーザーが複数のアカウントを持つことを許してきました。アカウントを複数持てるということは、複数の自分を持つということと同じことです。身元がはっきりしなくなるため、匿名性は高くなるのです。

現在、グーグル側もアカウントを一人一つに限定しようとしていますが、もともと複数アカウントを認めてきたため、現在も数多くの人が複数のアカウントを持っているため、匿名性が低くなりにくいのです。

USTREAMは、フェイスブックだけでなく、匿名性が低くないユーチューブやツイッターとの会員情報連携機能を持っていますが、そこで流れるコメントは現行の生放送サービスの中で、最も通常のコミュニケーションで使われるような内容が多いため、スマートテレビ普及後のソーシャル視聴の文化を垣間見ることができるのです。

フェイスブックで事前準備をする

日本のスマートテレビ普及の実験として、日本テレビが「ＪｏｉｎＴＶ」のサービスを展開し、ソーシャル視聴を実現するためにフェイスブックとの連携をさせたように、ソーシャル視聴の文化においては、匿名性が限りなく低い「顔の見える視聴者同士」のコミュニケーションが前提になります。

視聴者にとっても、小さい子供が見ているのに卑猥な言葉や反社会的な言葉を見せたいという人はいないでしょうし、基本的には極力、倫理的・道徳的な土台の上に成り立ったコミュニケーションを望むでしょう。

そういったコミュニケーションを学ぶ上で最も参考になるサービスはフェイスブックです。

フェイスブックは世界人口の10分の1以上ともいえる、8億人が使うサービスです。

もし、フェイスブックが国であれば、人口の多さで中国、インドに並んで世界第3位の国になります。日本ではまだ1000万人に到達していないので、それほど普及していませんが、今後普及していくと考えられています。

前述のように一人1アカウントを原則としており、「本名」での登録が必要とされるサービスのため、匿名性が低く、日常生活のような温和なコミュニケーションが成り立っています。

このフェイスブックで投稿の練習をしておけば、スマートテレビが普及し、ソーシャル視聴ができるようになった時に、大きなアドバンテージになります。

・どういう発言をしたら、人からより多くの賛同を集めることができるのか?

・人の発言に対して、どういう反応をしたら、相手からも見ている人からも喜ばれるのか?

ソーシャル視聴の際にも必要となる、こういったコミュニケーションの方法を実体験を通じて学ぶことができるのです。

視聴者がテレビ番組に参加できるようになった場合、おそらくテレビ局なりスマートテレビを作る電機メーカーやＯＳ提供会社は、「携帯電話」「クレジットカード」「運転免許書」「保険証」といった情報を登録した「顔の見える視聴者」だけにコメント投稿を許可していくでしょう。

もちろん、「ＪｏｉｎＴＶ」のように匿名性が低く、会員も多いフェイスブックの会員情報を連携して活用する可能性もありますが、テレビ局や電機メーカーやＯＳ提供会社が独自に、顔の見える視聴者を登録させる仕組みを作る可能性もあります。

しかし、基本的に「顔の見える視聴者を作る」という方向性は変わらないと思うので、是非フェイスブックを活用して、ソーシャル視聴の事前勉強をしてみてください。

個人がテレビ広告を利用する

従来、テレビに一回広告を出すためには、数百万~数千万円の予算が必要でした。しかも、わずか15秒程度のCMを数回流しただけではそれほど効果はありません。CMを見た視聴者が実際に購買をするまでには、何度も繰り返しCMを流す必要があるのです。ですから今までテレビで広告が出せるのは、一部の大企業のみに限られていました。

しかし、スマートテレビが普及をしていけば、個人がテレビ画面に広告を出せるような土壌が出来上がります。

ポイントは「テレビの放送の中」ではなく、「テレビの画面の中」ということです。

つまり、ユーチューブやUSTREAMで見ることができるような、テレビの映像とは関係なく、広告が出せるのです。

なぜ、広告を出せるようになるかというと、次のような理由が考えられます。

スマートテレビには既存のテレビ局や広告代理店以外に、電機メーカーやOS提供会社やアプリケーション開発会社が関係するのですが、彼らとしては、もちろん従来のテレビの広告主のように高額な広告費を支払ってもらえることはとてもありがたいことですが、実際には広告主もそこまで予算を作ることは難しいでしょう。

となれば、一回あたりの広告掲載の費用を極力低くして、大企業だけでなく、一般の視聴者も広告を出せるようにして、広く広告主を集めるという、インターネット広告と同様のモデルを展開するほうが利益を上げやすくなります。

また、実はテレビ局や広告代理店にとっても、一般視聴者から広告料金を取ることができれば、収益をさらに拡大する要素にもなるのです。

ですから、たとえフランスのように「テレビ画面に掲載できる広告はテレビ業界側で決める」というようなルールが出来上がったとしても、テレビ画面に広告を出すことの敷居は下がっていき、最終的には一般消費者がいつでも広告を出すことができるようになるのです。

しかも、広告を出すといっても従来のテレビＣＭのような「映像」を作る必要はありません。

ユーチューブの映像上に表示される広告のように、「数十文字の文章」や「１枚の広告画像」があればいいのです。

従来のような「映像広告」の場合は、どうしても映像を①企画し、②撮影し、③編集するという三つのステップが必要であり、特に撮影と編集に膨大な時間が費やされました。

その「時間」がリスクとなり、例えばせっかく莫大な費用をかけて有名人を起用したのに、その有名人がＣＭ公開前にスキャンダルを起こしてしまい、そのままＣＭを流すと広告主のイメージを損なう恐れがあるため、映像が使えなくなってしまうということもありました。

また、映像を作っている間に、競合他社が先に同様の製品を市場に投入してきて、せっかくの映像の効果が薄まってしまうこともありました。

従来の広告主は、単純にお金を出せばいいというわけではなく、このようなリスクを常に抱えながら広告を作り続けてきました。

しかし、**スマートテレビにより「テキスト広告」「画像広告」が打てるようになれば、数時間で広告を作り上げることが可能になり、テレビ広告をスピーディーにビジネスに生かすことができるようになるのです。**

ターゲットを絞った広告が出せる

従来のテレビ広告は、子供からお年寄りまで、幅広い層が見るということを前提に作られていました。

しかし、広告は「誰に向けて伝えているのか」ということが分からないと、漠然としたものになり、消費者は興味をそそられません。

そこで、広告主は、

「平日の昼間なら主婦が見ている」

「平日の夕方なら主婦は夕食の準備をしているので、子供が見ている」

「休日の昼間は旦那さんが見ている」

「深夜は10代後半から30代までの独身者が見ている」

というような形で「放送時間」によって大体の視聴者のイメージを掴み、それに応じたサービスの広告を放送していました。

しかし、スマートテレビが普及すれば、ソーシャル視聴をさせるために「個人情報」を登録させるようになります。

しかも独身者の場合だけでなく、家族で一台のテレビを見ていたとしても、家族それぞれが持っている携帯電話やスマートフォンを利用した「二画面視聴」により、「誰が見ているのか」ということが分かるのです。

となれば、広告主は広告を見せたい人を限定して、より的確かつ効率的に広告を出すことができます。

例えば、結婚雑誌を発行している会社が、30代の独身女性だけに広告を打つこともできますし、生命保険会社が20代の男性だけに広告を打つこともできますし、旅行事業者が60代以降の人だけに広告を打つこともできるのです。

実は既にソーシャルメディアのフェイスブックでは、「年齢」「性別」だけでなく、「居住地」「婚姻状況」「卒業大学・高校」というように複数の属性を用意しており、該当する人だけに広告を出すことができるようになっています。

スマートテレビも同じように絞り込まれたターゲットに広告を打てる可能性が高いですし、何より二画面方式を採用して「スマートフォン」と連動しているような場合は、フェイスブックよりもさらに絞り込んだ広告を出すことが可能です。

なぜなら、スマートフォンに搭載されている、持ち主の位置情報を測定できる「全地球測位システム（ＧＰＳ）」と連携させれば、「今、渋谷にいる人」「今、東京ドームにいる人」という場所にも絞り込んだ広告が出せます。

例えば家族をディズニーランドに連れて行き、遊ばせ疲れて一人で休憩所でテレビを見ている父親に対して、帰りに立ち寄れる近隣の温泉施設のＣＭを流したり、お花見の場所取りをしている人に対して、宅配の食べ物や飲み物のＣＭを流したりすることも可能になるのです。

スマートテレビにより、今までの広告モデルが大きく変わることで、視聴者は大きなビジネスチャンスを手に入れることができます。

ユーチューブとフェイスブックで経験を積む

スマートテレビ時代に広告を活用してビジネスチャンスを広げたい人にとって、今のうちから経験を積むことができるサービスが、ユーチューブ広告とフェイスブック広告です。

ユーチューブ広告は「映像」と連携した広告のノウハウを学べますし、フェイスブック広告は「属性」に合わせた広告のノウハウを学ぶことができます。

どちらもクレジットカードを持っていれば、広告を作成した後、数時間～数日間の審査を待って承認されればすぐに広告が掲載されます。

しかも両方とも広告予算をあらかじめ設定することができるので、低予算からでも広告出稿ができるのです。

特にユーチューブ広告の場合は「映像のタイトル」「説明」「タグ（キーワード）」などと連動した広告を考える必要があります。

これはスマートテレビが普及した際に、テレビ番組のタイトルや説明を見て広告を出稿する際の貴重なノウハウになります。

また、フェイスブック広告の場合は、前述の通り「視聴者の属性」に絞った広告を出す際のノウハウがたまります。

特にフェイスブック広告が面白いのは、「過去の成約率」が加味された上で広告の表示優先度が変わるということです。

どういうことかというと、通常のインターネット広告の場合、基本的には成果報酬であり、その際に支払う広告費はオークション形式で決められています。

例えば、1回クリックされるごとに50円を支払うと設定した人と、100円を支払うと設定した人では、１００円を支払う広告主の広告が優先的に目立つところに表示されていました。

しかしフェイスブックの場合はそれに「過去の成約率」が加味されます。

例えば、先ほどの例ですと、１００円の成果報酬が設定された広告を１００人が見ても、その３割の30人しかクリックしなかった場合、フェイスブックの広告収入は30人×１００円で３０００円となります。

しかし、50円の成果報酬が設定された広告を１００人見て、そのうちの７割の70人がクリックした場合、広告収入は70人×50円で３５００円となり、広告収入の逆転を起こすのです。

つまり、フェイスブックでは成約率の高い広告を出せる人が優先的に目立つ場所に広告が表示されるような仕組みを採用しているのです。

ユーチューブの場合は、広告の費用対効果を高めるために、価格が安い割に見る人が多いという「ニッチ」なキーワードを探して広告出稿する力をつけることができますし、フェイスブックの場合は、成約率の高い広告を作る力をつけることができるのです。

是非これらを通じて今のうちから、来るべきスマートテレビ時代に備えて準備をしていってください。

第6章

スマートテレビ時代を勝ち抜くビジネス戦略（企業編）

消費者との「絆」を作る

スマートテレビ時代を見据えた上で、個人というレベルを超えて、「会社」として集団でビジネスをする企業に求められるのは「消費者との絆を作る力」です。

従来のサービスは「性能」「品質」「価格」、この三つの要素が満たされれば消費者の購入につながりました。

これらは、今までの電機メーカー同様の「売りっ放し」のビジネスモデルだったり、カミソリの替え刃を売るような継続ビジネスでも「価格勝負」で安いところが勝つというビジネスモデルでした。

しかし、スマートテレビが普及した際には、「ソーシャル視聴」という言葉にあるように「社会性」が重視されます。

単純に「良いものを、安く、早く作る」というだけではモノは売れません。

特に現在はサービスが「性能過多」の時代になっています。

例えば、薄型テレビであれば、既にほとんどのディスプレイが厚さ10㎝以内に収まっているのに、これが3㎝とか1㎝といったように薄さが追求されても、ほとんどの消費者はそれを求めませんし、既に販売されている3Dテレビも、「わざわざ専用めがねを使ってみる必要は無い」と思っている消費者が多く、薄型テレビの中でも1％ほどしか普及していません。

もちろん、スマートテレビもほとんどの視聴者にとっては高性能すぎるので、今は必要とされませんが、一人暮らしを始めたり、社会人になったり、結婚したり、引越しをしたりというタイミングで、緩やかに普及はしていくでしょう。

とはいえ、電機メーカーは大企業がほとんどであり資本力もあるので、緩やかな時間の流れも対応できますが、中堅規模の企業であれば時間がかかればかかるほど、存続するためのリスクが増加していきます。

このような状況の中で、消費者の心をつかむためには、「社会に対する企業の貢献姿勢」や「環境への取り組み」や「消費者一人ひとりに対するサービスの手厚さ」といった、数字では測ることのできないものが求められます。

今後ますます、利益を追うだけでなく、社会から支持される企業が生き残る時代になっているのです。

ソーシャルメディアで「絆」を作る

社会性を重視するようになっていく消費者との間に「絆」を作るために最も良いものが、

・ブログ（アメーバブログ・ライブドアブログ等）
・商業利用可能ＳＮＳ（フェイスブックページ・ｍｉｘｉページ等）
・ショートメッセージ共有サービス（ツイッター）

・動画共有サービス（ユーチューブ・ニコニコ動画・ＵＳＴＲＥＡＭ）
このようなソーシャルメディアと言われるサービスです。

実際多くの企業が既にソーシャルメディアについては取り組んでいます。
しかし、ソーシャルメディアの一番厳しいところは「大企業も個人も関係なく評価される」というところです。

例えば、実際にアメブロやツイッターやフェイスブックのランキングサイトを見てみると、ユニクロや楽天やローソンといった大企業や、歌手やお笑い芸人といった有名タレントに混じって無名の個人が上位にランクインしていることが多いのです。

なぜ、このようなことが起こるかというと、ソーシャルメディアの「影響力」は、従来のテレビのように「人気の高い有名人を使うこと」「何度も繰り返し放送すること」といったお金で換算できるものではないからです。

では何が影響力を決めるかというと、「どれだけ共有したいと思われるか」ということです。

別に涙を流させるような感動ストーリーや、お腹を抱えて笑い転げるような楽しい写真や映像が求められているわけではありません。

「空が今日は綺麗だ」「こんなところに美味しいお店を発見した」といった、日常の些細な出来事や、普段元気な人が、落ち込んでしまって悲しんでいたり、逆に普段あまり発言しない人が大胆な発言をしたり、というようなちょっとしたギャップなどでも、ソーシャルメディアでは影響力を持ちます。


それを可能にしているのが「シェア」と呼ばれる共有機能です。

実際に「ＪｏｉｎＴＶ」にも取り入れられていますが、自分が見聞きした情報を自分の友達に伝えるというものです。

小学生や中学生がテレビの話題を友達に伝えて、その友達が喜ぶことで伝えた本人の評価が上がって人気者になるように、ソーシャルメディアでは「良い情報を作り出した人だけでなく、伝えた人も評価される」のです。

ですので、ソーシャルメディアのランキングをよくよく見てみると、株式市場に上場している大企業や、創業100年というような老舗企業や、テレビに出ている有名タレントやベストセラー作家であっても、見ている人たちに「共有したい」と思われない発言をしていれば、ランキングの下位に甘んじ、影響力を発揮できないのです。

例えば従来のメディアで成功していた企業は、「いかに自社が優れているか」ということを伝えていれば評価されていました。

しかし、ソーシャルメディアの世界では「自社が消費者や社会のためにどのような貢献ができるか」ということで評価されるのです。

上から目線で一方的にメッセージを送るのではなく、消費者と同じ目線でメッセージを送ることが求められています。

ソーシャルメディアの使い方を学んだり、発言の仕方を研究したりするのは従来の広報業務に加えて大変な作業になります。

しかし、よく考えてみれば、資本力の無い個人が大企業と同じような影響力を持つことができるわけですから、うまく使うことができれば「広告費」を浮かすこともでき、逆に経費が下がるというメリットもあるのです。

ソーシャルメディア先行企業に学ぶ

実際にソーシャル視聴が普及した際に支持される広報体制を作るために、最も効率的な方法が「先行企業の真似をする」ということです。

例えば、大企業でソーシャルメディアの活用に秀でているのは、「楽天」「ユニクロ」「ローソン」「伊藤ハム」といった企業です。

「楽天」はインターネットマーケティングにもともと強いことや、インターネットを使う人の認知度が高いこともありますし、「ユニクロ」はフリースやヒートテックをはじめ、ファンが多いブランドでもあります。

そして楽天は電子商取引業界、ユニクロはアパレル業界において、共に圧倒的な業界ナンバーワンの企業ですから、一般消費者だけでなく、取引先やマスコミの注目も集めやすいのです。

そのような中で、中小企業にとって参考になるのは「ローソン」と「伊藤ハム」です。

どちらも、業界の大手ではありますが、「圧倒的なトップ」というわけではありません。

ローソンにはセブンイレブンやファミリーマートという競合がいますし、伊藤ハムにも日本ハムやプリマハムや丸大食品といった競合がいます。

彼らの特徴は両社とも「メインキャラクター」を据えているところです。

キャラクターを作ってしまうと、どうしてもそのキャラクターの「性格」が企業イメージにもつながってしまうので、設定は難しいのですが、両社とも上手に消費者とコミュニケーションを取っています。

例えばローソンのメインキャラクターである「あきこちゃん」は、ローソンの女性店員をイメージしたキャラクターであり、頻繁にローソン商品の「お買い得商品」「キャンペーン商品」を教えています。

情報を受け取る消費者は、ＣＭよりも早く情報を受け取れたり、ＣＭにはならない細かいお得情報を知ることができるため、ローソンの来店増加につながっています。

また、伊藤ハムのメインキャラクターである「ハム係長」は、ハムを擬人化した中間管理職のキャラクターであり、伊藤ハムの製品を使った料理の調理法や、製品のアンケート募集などをしています。

ハム係長は、消費者からのコメントに対して、コメントを返してコミュニケーションを取るようにしているため、熱心なファンが多く、競合が多いハム業界の中でもソーシャルメディアを使う消費者にとっての認知度は高いものとなっています。

ゼロから模索するのではなく、先行企業事例をうまく真似するところから始めれば、効率的にソーシャル視聴においての企業の情報発信の仕方を作り上げることができるのです。

ソーシャルスターを囲い込む

ソーシャルな情報発信を取り入れていきたいが、人材がいないという場合、最も効率的な方法は既にソーシャルメディアで注目されている個人（ソーシャルスター）を囲い込むということです。

最近では、企業の多くが人の注目を集めるブログを書くことのできる「アルファブロガー」を集めて製品発表やおためしイベントなどを開催し、その模様をブログに書いてもらって広告宣伝をしていますが、同じようにフェイスブックやツイッターで発言力のある人にコンタクトを取って業務委託を依頼するのです。

なぜ、業務委託がいいかというと、契約期間を過ぎれば契約を終了することができるからです。

実際、ソーシャルメディアで発言力のある人は、企業に属するよりも自分の力で自分の好きなライフスタイルを築きたいという人が多く、個性が強いので、なかなか集団の色に染まることはできません。

短い期間では企業の歩調に合わせることはできても、時間の経過と共に独自色を強めていってしまう傾向にあります。

企業にとってもっとも良いのは、自社の理念をしっかりと理解した生え抜きのスタッフが、企業の看板を背負ってコミュニケーションを取り続けることです。

そのためにソーシャルスターと業務委託契約を結び、社内スタッフにその仕事ぶりを学習させるのです。

また、そのような業務委託のソーシャルスターを複数抱えておき、友好な関係を築いておけば、業務以外でもソーシャル視聴の際に、例えばテレビ放送で自社の提供するサービスと関連するサービスが紹介されたときに、「こっちの方が良いよ」とクチコミを広げてくれる可能性も高まります。

オンラインショッピングの準備をする

企業がスマートテレビで収益を上げる方法で一番直接的で効果的な方法は、第5章でも紹介しましたが「テレビ画面に広告を出して、商品を買ってもらう」ということです。

特に個人よりも資本力のある企業の場合は、「決済」の面で有利です。

オンラインショッピングサービスを見れば分かりやすいのですが、一般の個人よりも企業のほうが信用力が強いため、その分、決済処理の仕方が豊富です。使えるクレジットカードの種類や支払いパターンも多いですし、代金引換やデビットカードも使いやすいのです。

さらに信用力の高い企業は、場合によって購入の度に発行した「ポイント」が、航空会社のマイレージに変わるような「ポイント互換サービス」も使えます。

決済の仕方が簡単だったり、決済の度にポイントついて得になるというのは、消費者がテレビを通じて買い物をする際に非常に重要なことです。

同じようなサービスを個人と企業それぞれが扱えば、基本的には企業の信用力に消費者は動きますし、買いやすくて、自分にとって得になるものを選ぶのは目に見えています。

だからこそ、今のうちからオンラインショッピングの準備をしておくのです。

どこの決済サービスを使えばいいのか？　どこのポイントサイトと連携すればいいのか？　ということを今のうちから試しておけばスマートテレビ普及時に大きなアドバンテージになるのです。

スマートテレビ用アプリケーションを作る

資本力が多少ある企業にとって、オンラインショッピングとは別に、継続的な収益をもたらす可能性があるのが「スマートテレビ用アプリケーション」を作成することです。

スマートテレビにはスマートフォン同様に、消費者が自由に自分の好きなアプリケーションを搭載することができるようになります。

もちろん、そう簡単に作れるわけではありませんが、ヒットすれば、その後は継続課金をしやすくなります。

例えば、今後同じテレビ放送の内容を好む人をマッチングさせるような結婚活動支援サービスや、テレビ放送を「手話」にしたり、音声を「文字」に変換したりするサービスといったものや、テレビ番組で特集された占い師による、毎日の占いサービスなど、スマートテレビならではの「番組」をうまく活用したアプリケーションを作れる可能性もあるのです。

もちろん、放送が絡むのでテレビ局側の協力が必須になるものもあるでしょう。しかし、たとえ1月にたった10円でも、数百万人が視聴するテレビにおいては、アイディア次第で、大きな収益を生むこともできるのです。

テレビ番組を作って売る

スマートテレビが普及していくと、テレビドラマや特集番組などは作成された直後、どんどんテレビ局側のサーバーにアップロードされていきます。

つまり、今までは「月曜夜9時」とか「水曜夜10時」といった感じで決まっていた番組が、不定期で更新されるようになる可能性や、一気に1クール（13話分）がまとめて見られるようなことも考えられるのです。

従来のテレビでは1日24時間と決まっていましたので、それ以上の時間分のテレビ番組を作ることはできませんでしたが、スマートテレビによる「クラウド視聴」は時間の制限を突破して、テレビ局側のサーバーが許す限り作り出すことができるのです。

その際、テレビ局側にとってできる新たなビジネスが「ブランド貸し」です。

今までの企業はUSTREAMなどで自社独自のチャンネルを構築し、自社ブランドでの放送をしなければなりませんでした。

しかし、名も無い企業がいきなり放送をしたところで、人は集まりません。そこでテレビ局が「この番組はうちの局の番組です」という太鼓判を押し、テレビ局のサーバーに入れてくれれば、企業は「そのテレビ局のファンである視聴者」に対して、番組をＰＲすることができます。

もちろん、テレビ局側も番組作りのプライドがあると思いますので、低いクオリティーのものは認めないでしょう。しかし、テレビ局側からスタジオを提供したり、プロデューサーを提供したり、芸能人を提供したりすれば、クオリティーを保つことができます。

場合によっては、企業が自社のＰＲのために作ったドキュメンタリードラマの脚本が面白いと評価され、テレビ局と合同で本格的な俳優や舞台セットを使ったドラマシリーズになる可能性もあるのです。

スマートテレビが日本を活性化させる

前述の通り、スマートテレビが普及すれば、今まで放送業界や大企業しか手を出せなかったテレビを個人も企業も利用することができるようになります。

確かにテレビ業界だけを見ると、今のビジネスモデルのままで行けば、音楽業界同様に収益が落ち込む可能性は高いのです。

しかし、テレビ業界が今まで蓄えてきたノウハウを企業や個人に提供していけば、より面白い番組が増え、ビジネス全体の市場拡大も可能になります。

日本人は政府が最後の切り札とするほど、「貯金」をする民族です。

しかし、２０１１年の震災以降少しずつですが日本人の中に「いつ死ぬかは分からないから、悔いなく、今を楽しんで生きる」という価値観が芽生え始めました。

今までは「貯めて子孫に残す」ということが美しいことでした。しかし、国家の財政も分からない、苦労したからといって幸せになるとは限らないという現実を突きつけられる中で、「お金は自分や社会のために役立てる」ということが見直されています。

だからこそ、影響力のあるテレビがますます面白くなることで、視聴者がさらに楽しむためにお金を使っていき、経済が回るという可能性も大きいのです。

高齢化社会となり、人口が減り続ければ、労働人口は減り経済は縮小します。ジリ貧に悩まされる日本にとって、スマートテレビがもたらす影響力は大きな現状打破の一手に成りうるのです。

あとがき

最後までお読みいただきありがとうございました。

日本でスマートテレビが本格的に普及するには少なくとも5年から10年はかかるでしょう。

しかし、時間がかかるからこそ、個人も企業もできることはたくさんあります。もちろん「ゆっくり考えればいい」と思うこともできます。しかし、常に時代の恩恵を受けるのは「時代を切り開いた人や企業」なのです。

普及に時間がかかるとはいえ、既にテレビ局も電機メーカーもOS提供会社もアプリケーション開発会社もスマートテレビ時代を見据えて動き始めています。

だからこそ、本書を読んだあなたにも、「今、どんなことを始められるか」ということを考え、取り組み始めていただきたいと思います。

特にまだまだ黎明期の間に、スマートテレビ時代を作る、テレビ局や電機メーカーなどに協力しておくのは有利なことだと思います。

実際私も本書の執筆を考える際は、「早すぎるのではないか」と戸惑いがありました。

しかし、この本を書き終えた今、本当にこのテーマで執筆ができたことで、新たなビジネスチャンスを発見しワクワクしていますし、普段出逢うことのできないテレビ局の重鎮の方々やジャーナリストの方ともご縁をいただきました。

これも、早めに取り組んだからこその成果だと思います。

是非、あなたにもスマートテレビ時代がもたらす、大きなビジネスチャンスを感じ、行動につなげていただければ幸いです。

最後に、本書の出版をプロデュースしてくださった出版エージェントの岩谷洋昌さん、本書のテーマを与えてくださった総合法令出版の関俊介さん、ジャーナリストの本田雅一さん、取材をさせていただいたテレビ朝日の皆様、そして本書を読んでくださった皆さんに御礼を申し上げます。

平成24年7月

木下裕司

木下裕司（きのした　ゆうじ）
ITジャーナリスト　放送作家

１９７９年静岡県熱海市生まれ。神奈川県鎌倉市在住。

立教大学卒業後、プログラマーとして業務効率化システムの開発を経験した後、ＷＥＢシステムの企画・開発事業で独立する。

その後、ネットオークション統計サービスを運営する株式会社オークファンに、新規事業開発担当として入社。新サービスのプレスリリース・記者会見などの経験を通じて、広報・ＰＲのノウハウを身につけた後、再独立。

現在は、ＩＴ関連の最新技術やサービスに関しての出版活動や、ソーシャルメディアでの広報支援、インターネットテレビでの生放送番組やラジオ番組のプロデュースを行っている。


共著として、『ゲーミフィケーション』（大和出版）『ネットオークション制覇の極意』（ぱる出版）『セカンドライフ 仮想空間のリアルなビジネス活用』（オーム社）などがある。

スマートテレビ革命

2012年8月11日　初版発行

著　者　木下裕司
発行者　野村直克
発行所　総合法令出版株式会社
〒107-0052　東京都港区赤坂1-9-15
日本自転車会館2号館7階
電話　03-3584-9821㈹
振替　00140-0-69059
印刷・製本　中央精版印刷株式会社

ISBN978-4-86280-316-0

落丁・乱丁本はお取替えいたします。
総合法令出版ホームページ　http://www.horei.com/